AF264127

Schwartz 3727.

ÉLÉMENS

DE

CHYMIE

ÉLÉMENS DE CHYMIE,

PAR

HERMAN BOERHAAVE,

Traduit du Latin.

TOME TROISIEME.

QUI CONTIENT LA SECONDE PARTIE DU TRAITÉ DU FEU.

A PARIS,

Chez GUYLLIN, Quai des Augustins, au
Lys d'Or.

M. DCC. LIV.

Avec Approbation & Privilége du Roi.

TRAITÉ
DU FEU
DE M. BOERHAAVE.

Pour servir de suite à ses Elémens de Chymie.

SECONDE PARTIE.

De ce qu'on appelle l'Aliment du Feu.

PUIS donc que nous sommes à peu près certains que le même Feu existe toujours, sans aucune altération & même en quantité, & qu'il peut rester long-tems rassemblé dans certains Corps, tels que l'or, l'argent, sans cependant détruire sensiblement aucune partie de leur substance : nous passerons à présent à l'examen de ces Corps, ausquels on peut aussi communiquer du Feu, &

Le Feu est dans les Corps en deux manieres.

II Partie. to. III   **A**

qui même le conserve assez long-
tems ; mais de façon pourtant que
lorsque le Feu est retenu dans ces
Corps, & qu'il est augmenté de tems
en tems, il les consume tellement
qu'ils se dérobent presque à nos sens :
car le Feu rassemblé de cette maniere dans des Corps s'y maintient ordinairement & persiste dans son activité jusqu'à ce que les parties qui le
soutenoient, soient tout-à-fait consumées. Lorsqu'il a entierement dissipé ces parties, alors il disparoit
aussi pour l'ordinaire, & il ne dé-
ploye pas long-tems sa force dans
ce qui reste de ces Corps.

Pourquoi on a appellé certain Corps les Alimens du Feu.

Comme donc il arrive qu'alors,
& le Feu, & en même tems le Corps
où il étoit, disparoissent & ne tombent plus sous nos sens ; pour cette
double raison, on a appellé ces
Corps, ou ces parties qui se consument, les Alimens du Feu ; & dans
ce sens il n'y a pas d'inconvénient à
leur donner ce nom ; mais si on les
appelle ainsi dans un sens resserré,
& par ce qu'on croit qu'elles servent
réellement de nourriture au Feu, que
par son action elles sont converties

en propre ſubſtance du Feu élémentaire, & qu'elles ſe dépouillent de
leur nature propre & primitive pour
revêtir celle du Feu ; alors on ſuppoſe un fait qui mérite d'être examiné murement, avant que de paſſer pour vrai : il eſt aiſé d'aſſurer la
choſe, mais il eſt très-difficile de la
démontrer. Tous ceux qui donnent
un peu légèrement dans ce ſentiment, doivent néceſſairement ſup-
poſer que tous les Corps qui nourriſſent & qui ſoutiennent le Feu de
cette maniere, ſe perdent entierement ; que par-là le nombre des
Corps diminue continuellement dans
le monde, & que cependant la quantité du Feu élémentaire augmente
toujours à proportion. Par conſéquent le Feu allant toujours croiſſant
en force, pendant que tous les autres
Corps diminuent, il y a long-tems
que par la ſuite du tems il devroit
les avoir détruits, & être reſté ſeul
vainqueur de tous. Cependant aucune des obſervations faites depuis les
tems les plus reculés & pouſſées juſqu'à nos jours, ne nous découvre la
moindre marque d'une telle augmen-

tation du Feu. Au contraire, on remarque que la force du Feu, & par-
conféquent fa quantité refte la même,
& l'on ne s'apperçoit pas qu'il augmente confidérablement, ni qu'il diminue en aucune façon. On a un
exemple, ou pour mieux dire, une
preuve de cela dans les tables Mété-
réologiques que Mr. Nicolas Cru-
quius a publiées il y a quelques années, & où cet excellent Géométre
a raffemblé très-ingénieufement un
grand nombre d'obfervations qu'il
a faites avec toute l'exactitude poffible. On y voit avec étonnement
jufqu'à quel point eft pouffée l'éga-
lité de la chaleur qui regne fur la terre. Après de très-grands embrafemens de forêts qui ont duré plufieurs
mois, on n'a pas même remarqué
dans la fuite la moindre augmentation dans la chaleur. Eft-il apparent
que depuis environ fix mille ans que
les Hommes font du Feu fur la terre,
& qu'ils devroient déja avoir confumé plufieurs fois tout ce qu'il y a
de combuftible dans les pays habi-
tés; eft-il apparent, dis-je, que la
chaleur augmentée ainfi continuelle-

ment, ne feroit pas encore devenue infupportable aux plantes & aux animaux ? Bien loin de là, la chaleur eft reftée la même dans tous les pays : car il faut toujours une même température & dans l'air & dans la terre, pour que les Germes, renfermés dans les femences de plantes, nourris, remplis & dilatés par le fuc qu'ils tirent de la terre, puiffent développer & dégager les unes des autres leurs parties qui font fi fines & fi délicates : fi la chaleur eft trop grande, elle brûle dès leur naiffance ces Germes qui n'ont prefque aucune confiftance ; & elle les fait périr auffi fi elle eft trop foible. Il en eft de même des animaux ; lorfque les animalcules qui font dans la femence des mâles font entrés dans les œufs des femelles, ils périffent dès qu'ils font expofés à une chaleur qui fait monter le Thermomètre de Fahrenheit jufqu'au centième dégré, & ils ne parviennent prefque jamais à leur maturité, quand ils font dans une température qui n'eft que de 70 dégrés. Les petits œufs fécondés des infectes, qui peuvent fupporter le froid

A iij

de l'Hyver le plus rigoureux, font furement détruits quand la chaleur eft un peu trop grande. En un mot, parcourez tout l'Univers; vous y verrez clairement en tout tems la même quantité de Feu. Bien plus, après tant de terribles incendies caufées par des Météores, après les embrafemens de ces montagnes qui vomiffent du Feu, après un fi grand nombre de Feux de cuifine, de fourneaux, de laboratoires, après tant d'affreux dégats faits par le Feu, depuis l'invention de l'artillerie : après tout cela, dis-je, nous ne remarquons pas à préfent qu'il y ait dans le monde plus de Feu qu'auparavant.

Cela n'eft guères croyable.

J'ofe même affurer que l'examen que nous allons faire de l'aliment du Feu, démontrera très-évidemment qu'il faut fe former fur cette matiere des idées toutes différentes de celles qu'on a communément : commençons donc cet examen, qui eft auffi utile qu'agréable, en remarquant en premier lieu que l'on trouve de la matiere combuftible dans les Végétaux, dans les animaux & dans les foffiles ; & que nous en connoîtrons

plus aiſément la nature, ſi nous travaillons d'abord à acquérir une juſte
idée de celle qui nourrit les animaux,
& il eſt beaucoup plus facile de l'examiner & de la connoître que celle
des foſſiles.

Tous les Végétaux qui nous ſont
connus, ſans en excepter même le
Meleze, peuvent être conſumés par
le Feu, & le nourrir pendant qu'ils
brûlent ; mais comme ils peuvent
être expoſés au Feu, lorſqu'ils ſont
encore verds, pleins de vie & hu-
mectés de ſuc, ou lorſqu'ils ſont
morts & déja ſecs, il faut les conſi-
dérer dans ces deux états : & comme la connoiſſance de ceux qui ſont
encore verds nous facilite beaucoup
la connoiſſance de ceux qui ſont ſecs,
l'ordre veut que nous examinions
ſoigneuſement ce qu'il y a proprement de combuſtible dans les premiers.

Tous les Végétaux dans leur état
de crudité, contiennent de l'eau ; des
eſprits ou des Corpuſcules inviſibles
qui s'exhalent, qui pour l'ordinaire
ſont odorants & adhérents à cette
eau, & qui ſe diſſipent dans l'air,

Alimens du Feu dans les Végétaux.

Examen de ce qu'ils ren-ferment de propre à nour-rir le Feu.

A iiij

dès qu'ils en sont séparés ; un Sel acide, volatil, & qui paroît presque toujours sous une forme liquide ; un sel alcali volatil ; une huile volatile, légere, & qui a ordinairement l'odeur propre à la plante ; une huile plus fixe & pesante ; un charbon noir, qui quoique tourmenté dans des vaisseaux fermés par un Feu violent & continué pendant long-tems, reste fixe & noir ; des cendres blanchâtres qui sont les restes de ce charbon noir après qu'il a été brûlé par un Feu ouvert ; un sel caché parmi ces cendres, d'où on le tire par la lessive, & qui est fixe & alcali ; enfin ce qui reste de ces cendres après qu'on en a tiré le sel, & qu'on appelle terre pure. Voilà une énumération très-éxacte de toutes les parties que l'on a distinguées dans les Végétaux combustibles. Il faut donc rechercher parmi ces différentes parties, sur lesquelles le Feu peut agir celles qui sont proprement inflammables, ou qui se consument par cette action.

Si l'on expose à un Feu vif des plantes vertes, & qui ont toutes les parties que je viens d'indiquer, & ce-

la pendant qu'elles sont encore hu-
mides, elles donnent d'abord une fumée , ou une vapeur qui s'élève en
forme de nuée ; on peut la raffembler,
& la condenfer en eau acide ou alcaline, fuivant la nature de la plante,
qui lui communique auffi ordinairement quelque peu de fon odeur. Cette fumée eft légere, fine & tranfparente.

Dès que le Feu a privé les plantes
de cette première partie ; par conféquent dès qu'elles commencent à fe
fécher, alors on en voit fortir une
autre fumée, noire pour l'ordinaire,
plus épaiffe, âcre , opaque, denfe &
puante ; cette fumée devenant à chaque moment de plus en plus épaiffe
& denfe, acquiert enfin une couleur
d'un noir de poix, & s'amaffe par
gros tourbillons autour de la plante
qui brûle.

Peu de tems après, il s'éleve tout
d'un coup une flamme vive, claire &
pétillante, qui fait difparoître de
plus en plus la fumée, à mefure qu'elle brûle plus à découvert. Si on l'é-
teint, on voit d'abord reparoître la
fumée. Si cette fumée, qui eft fluide

A v

& volatile, vient à se condenser en s'appliquant sur quelque Corps, elle l'enduit d'une matiere très-noire, grasse, tenace, puante & très-amere; c'est ce qu'on appelle suye.

Lorsqu'une plante a été ainsi consumée & réduite en fumée, en flamme, & en suye, elle dépose une autre partie, qui peut bien être pénétrée par le Feu, comme les métaux, mais qui n'est plus en état de le nourrir; c'est ce que nous nommons cendres. Ces cendres différent entr'elles, suivant que différent les plantes brûlées. Car si la fumée qui en sort, lorsqu'elles sont sur le Feu, est fort volatile, âcre, salée, alcaline, pour l'ordinaire les cendres sont alors insipides. Cela se voit dans l'ail, l'oignon, l'herbe aux cuillers, la roquette, le velar, le cresson alenois, le poireau, le cresson d'eau, la moutarde, le thlaspi, & dans toutes les autres plantes semblables, âcres, antiscorbutiques, & qui donnent peu de sel fixe lorsqu'on les brûle; mais si les plantes sont succulentes & acides, & s'il en sort une fumée semblable, alors il reste beaucoup de sel dans leurs cendres ; on en a un exemple dans toutes sortes de bois verds, qui mis sur le Feu par gros morceaux, se déchargent par leurs extrémités d'une assez grande quantité d'eau acide. Si enfin les plantes sont austeres & acides ou aromatiques ameres, on trouve aussi dans leurs cendres beaucoup de sel.

Quand on expose à l'action du Feu, des Végétaux séchés modérément auparavant, & dont l'eau est déja exhalée, sans qu'ils soient cependant fort vieux ; on voit arriver les mêmes choses qui arrivent aux plantes vertes, & cela dans le même ordre ; excepté que cette premiere re fumée aqueuse est ici en beaucoup moindre quantité. *Dans une plante séche,*

Mais si des Végétaux sont cariés, spongieux, légers, bien secs, & fort vieux, alors mis sur le Feu on ne voit pas qu'ils donnent aisément une flamme claire, mais ils rougissent, & luisent pendant quelque tems, & sont bientôt réduits en cendres qui ne contiennent presqu'aucun sel : cependant à peine produisent - ils quelque fumée & quelque suye. *& vieille.*

A vj

Comme ce que je viens de dire a lieu dans tous les Végétaux, lorsqu'on les brûle, nous sommes par-là en état de découvrir ce qu'ils ont proprement de combustible.

Considérons donc premierement l'eau, qui fait une partie assez considérable, dans tous les Végétaux combustibles. Elle peut bien recevoir & conserver pendant quelque tems en soi, une quantité déterminée de Feu, mais qui n'excède pas 212 dégrés, ou un peu plus: alors les élémens de l'eau sont tellement disposés par la chaleur, qu'une plus grande quantité de Feu ne sauroit s'y loger ou s'y maintenir. Par conséquent donc, nous ne pouvons par aucun moyen, connu jusqu'à présent, tellement pénétrer de Feu les parties de l'eau, qu'elles en acquierent l'éclat, & qu'elles forment une fumée parfaitement lumineuse. Au contraire l'eau chaude ou froide, jettée en quantité sur des charbons ardents, ou sur toute autre matiere en Feu, réduit d'abord ce Feu violent à 212 dégrés, & par-là l'arrête, le dissipe, lui fait perdre son éclat, & éteint la flamme.

Lors même que l'eau est résoute par
un Feu ardent en vapeurs très-subti-
les & qui se dispersent avec force
de tout côté, elle ne laisse pas
d'agir de la même maniere sur le
Feu. Cela paroît manifestement si
l'on expose un charbon ardent ou un
flambeau allumé à une fumée épaisse
qui sort d'une eau bien échauffée, cette
fumée les éteint comme si on les plongeoit dans l'eau. Les distillations
chymiques nous font voir aussi que
de quelque maniere qu'on tourmen-
te l'eau par le Feu, elle retient tous
les caracteres de l'eau pure. Je ne
puis cependant pas nier que dans les
Végétaux que l'on brûle, l'eau ne
ne produise plusieurs effets, qui n'ar-
riveroient pas sans elle : car si l'on
jette de l'eau sur de l'huile bien pénétrée de Feu, il en résulte une nouvelle action entre le Feu, l'eau &
l'huile qui est toute differente de celle
qui auroit lieu sans cela. Ayez par
exemple dans un chauderon une li-
vre d'huile bouillante, elle aura 600
dégrés de chaleur ; allumez-la , vous
verrez qu'elle donnera un Feu paci-
fique, qui, s'il se meut uniformément

produira une flamme claire ; mais jet-
tez tout d'un coup une once d'eau
dans cette huile, aussitôt vous entendrez un frémissement, un bruit, un
pétillement, les parties de ce mélange seront jettées de côté & d'autres
avec violence, & il y aura par-tout
un mouvement fort inégal, car l'eau
jettée ainsi sur cette huile échauffée,
est poussée par son poids dans les pores de l'huile, là elle rencontre par-
tout une chaleur presque triple de
celle dont elle est susceptible lorsqu'elle est bouillante ; par-là tous ses
élémens dilatés avec une force incroyable, & mus très-rapidement,
agitent toutes les parties ténaces de
l'huile, les dissipent, les dispersent
& les emportent avez eux dans l'air.
Si donc, quand un Corps est en Feu,
de l'eau & de l'huile viennent à se
rencontrer ; il en résultera un Feu
tout différent : c'est que les Forge-
rons connoissent fort bien, quand ils
veulent exciter un Feu très-vif, ils
jettent quelques goutes d'eau sur
des charbons ardens. Il faut encore
faire ici un autre remarque, c'est
que l'on peut communiquer plus de

chaleur à l'eau, lorsqu'elle eſt comprimée davantage par le poids de
de l'Atmoſphere : & même cette
augmentation de chaleur eſt ſi conſidérable, qu'à meſure que l'Atmoſphere devient plus peſante, à meſure
auſſi on s'apperçoit que l'eau devient
plus chaude. Si donc il arrive que
dans un Corps en Feu, l'eau ſoit
comprimée comme elle le ſeroit par
un poids double de celui de l'Atmoſphere, qu'elle terrible force diſplo-
ſive ne doit-elle pas avoir alors ? A
cette occaſion, j'ai ſouvent refléchi
avec étonnement ſur la prodigieuſe
quantité de Feu qu'on pourroit communiquer à de l'eau qui ſeroit au
centre de la terre. Le poids de l'air
à la profondeur de 409640 toiſes
au-deſſous de la ſurface de la terre,
ſeroit égal à celui de l'or, ſuivant
le calcul de Mariotte, ſi au moins les
Loix qu'il ſuppoſe ont toujours lieu.
Or quel poids l'eau n'auroit-elle pas
à ſupporter dans cette endroit ? Par
conſéquent, de combien plus de Feu
ne ſeroit-elle pas ſuſceptible ? Lorſqu'elle ſeroit pouſſée à ſon plus haut
dégré d'ébullition, n'acquerroit-elle

point un éclat égal à celui des métaux qui font le plus pénétrés de
Feu ? Cela paroît plus que vraifemblable. Confultez là-deffus l'hiftoire
de l'Acad. Roi. An. 1703. p. 6. &
Mem. pag. 101. Mais outre cela, le
Feu communique encore à l'eau une
force tout-à-fait furprenante & fin-
guliere. Si vous faites fondre dans
un creufet, par un Feu très-violent,
du fel alcali fixe, jufqu'à ce qu'il
foit liquide comme de l'eau, & que
vous le verfiez alors promptement
dans un vafe de fer ou de cuivre, &
qu'il y ait au fond tant foit peu
d'eau ; la force communiquée à l'eau
par cette chaleur momentanée, fera
fauter le Sel avec une impétuofité
incroyable, & qui expofera les affiftans à un très-grand danger ; c'eft
ce que des Chymiftes ont fouvent
éprouvé à leur dommage. On ne
connoît cependant encore rien de
plus terrible & de plus violent que
l'effet de l'eau fur le cuivre fondu;
car fi l'on a de ce métal en fufion,
dans un vaiffeau, & que par mal-
heur il y tombe quelque peu d'eau,
il fe fait auffi-tôt un fracas, un bruit

& une disploſion ſi prodigieuſe, que les voûtes des plus grands fourneaux en ſont renverſées. Si l'on jette quelques grains de cuivre fondu dans de l'eau, la force produite par là ſera ſi grande, que les côtés & le fond du plus fort vaſe ſauteront en un inſtant, & que le cuivre ſera réduit en une poudre inviſible. Voyez *Hiſt. de l'Acad. Roy.* 1699. *pag.* 110. On voit donc par-là ce que l'eau, qui eſt naturellement dans des Végétaux combuſtibles, doit opérer, conſidérée comme eau ſeule, à l'égard du Feu qui conſume ces Végétaux; & combien elle peut augmenter la force du Feu, ſi pendant que le corps brûle, elle vient à rencontrer des huiles, des ſels ou quelques parties métalliques. Ainſi ce corps qui ſemble avoir la propriété de dompter le pouvoir du Feu, eſt le même qui en certaines circonſtances eſt l'inſtrument le plus efficace pour en augmenter la force.

Examinons en ſecond lieu, ces parties qu'on appelle eſprits, dans les Végétaux qui nagent & qui flottent naturellement dans l'eau, avant

Seconſlement, des Eſprits natifs.

que la plante ait encore été exposée à aucun dégré de fermentation. Quelque peine que nous prenions pour les séparer de l'eau, pour les avoir purs & rassemblés, nous ne pouvons cependant pas trouver qu'ils ayent rien de propre à nourrir la flamme ou le Feu. Au contraire, quand on les a épuré avec tout le soin possible, si on les jette sur un Feu ardent, ils l'éteignent bientôt, pourvû qu'ils ne soient point mêlés d'huile. L'Eau odoriférante qu'on tire par la Chymie du romarin verd, n'a rien d'inflammable : & si même on sépare encore de cette plante, par un Feu doux & dans des vaisseaux bien fermés, ce qu'elle renferme de plus odoriférant on aura une liqueur qui n'est pas non plus combustible ; & qui même éteint le Feu qui commence à brûler.

En troisième lieu, des Sels acides volatils.

Ce qui entre en troisiéme lieu dans la composition des Végétaux, ce sont ces parties auxquelles les Chymistes donnent le nom de sels acides, & qui s'exhalent avec l'eau & les esprits odoriférants dont on vient de parler. Il y a long-tems qu'on a découvert que ces sels volatils étoient

souvent très-acides, comme on le remarque dans la fumée des bois acides qu'on brûle, aussi bien que dans
la suye acide que cette fumée produit quelques fois. Ces esprits qu'on
tire par la distillation des bois pesants, tels que le bouis, le genê-
vrier, le guayac, le chêne & autres semblables, sont aussi acides que
le vinaigre même. On exprime par
un Feu modéré, du bois de guayac
rapé & mis dans un vaisseau bien
net, une liqueur qui a tous les caracteres d'une très-grande acidité. Si
vous en séparez soigneusement toute
l'huile qui y est adhérente, ce que
vous pouvez faire aisément par la
filtration & par une douce distillation, vous aurez une liqueur purement acide, limpide comme de l'eau,
& même assez volatile. Cependant
cette liqueur, quoiqu'ainsi purifiée,
éteint la flamme ou le Feu sur lequel
on la jette. Cet autre esprit végétable purement acide que l'on tire par
le moyen du Feu des baumes natifs
des Végétaux, est précisément de la
même nature. Faites distiller à un
Feu soutenu, dans un vaisseau bien

net, quelques livres de Térébenthine, vous tirerez de ce baume huileux & gras, une liqueur limpide,
très-acide, qui peut se mêler intimement avec l'eau qui est peut-être le
meilleur de tous les diurétiques, &
qui éteint le Feu comme de l'eau
pure, à quoi on ne se seroit peut-
être pas attendu. Toutes ces expériences nous apprennent donc que le
sel acide, volatil, que l'on produit
avec les Végétaux qu'on brûle, ne
nourrit pas la flamme ou le Feu, mais
qu'au contraire il l'éteint. On m'ob-
jectera peut être que le souffre est
combustible. J'en conviens ; cependant, ajoûtera-on, le souffre est composé d'un acide fossile de vitriol, d'a-
lun ou de pyrite, mêlé avec quelque
huile végétable ou fossile. J'avoue
que pour l'ordinaire cela est vrai.
Donc, couclura-t'on, l'acide caché
dans le souffre est un aliment convenable au Feu ; mais si l'on examine la
chose avec attention, l'on trouvera
qu'il n'y a que l'huile du souffre qui
nourrisse le Feu, car l'acide ne reste
point dans la flamme, il se dissipe en
forme de fumée, sans souffrir aucu-

né altération ; on peut le rassembler, & en former ainsi une liqueur pure-ment acide, connue sous le nom d'huile, ou d'esprit de souffre par la campane.

En quatriéme lieu, examinons ces sels alcalis, volatils qui s'exhalent de la plupart des Végétaux quand on les brûle, & qu'on trouve dans la suye qu'ils forment; ou qu'on peut sépa-rer de quelques-uns par la distilla-tion, comme de l'ail, de l'oignon, de l'herbe aux cuilliers, de la roquet-te, du velar, du cresson alenois, du poireau, du raifort, de la moutarde, du thlaspi, & d'autres plantes sem-blables. Si l'on sépare soigneusement ces sels de l'eau, des esprits & du sel acide dont il a été parlé; ils ne sont ni combustibles, ni inflamma-bles; mais exposés au Feu, où ils diminuent sa vivacité, & arrêtent les progrès de la flamme, où ils devien-nent volatils : & même ce sel alcali volatil, que l'on tire d'une plante qu'on a exposée à la putréfaction, suivant les regles de l'art, & qui est en plus grande quantité, & plus âcre que l'espéce précédente, ne produit

En quatriéme lieu, de l'Alcali volatil.

aucun effet qui nous porte à croire
qu'il foit propre à entretenir le Feu;
mais il faut fe reffouvenir que ce que
je dis ici de ces fels, ne doit s'entendre que de ceux qui font tellement
purifiés, qu'il ne leur refte abfolument aucune goute d'huile adhérente. Cette remarque eft néceffaire;
car tant dans la diftillation que dans
la combuftion, la partie volatile faline en s'élevant entraine avec foi
une huile fétide, volatile, & qui s'u-
nit affez étroitement avec elle, ce
qui pourroit aifément jetter dans l'erreur ceux qui feroient des expériences avec ce fel, parce que cette huile qui lui eft attachée, s'allume lorfqu'on le jette dans le Feu; mais dès
qu'on en a parfaitement feparé cette
huile, en fuivant la méthode qu'on
expliquera dans la fuite, on ne découvre aucune inflammabilité dans
ce fel.

En cinquième lieu, de hui-le. Ce qui entre, en cinquiéme lieu,
dans la compofition des Végétaux,
eft donc cette huile qu'on en tire en
les diftillant avec de l'eau bouillante
dans un vaiffeau couvert d'un Alam-
bic: on l'appelle leur huile effentielle;

c'eſt la plus volatile de toutes celles qu'ils renferment, & en même-tems la plus pure, n'étant pas autant mêlangée que les autres de parties héterogènes. Si l'on met cette huile ainſi purifié ſur le feu, dans un vaiſſeau bien net, de façon qu'elle s'échauffe au point que de bouillir, & qu'alors on lui applique quelque Corps enflammé, auſſi-tôt elle prend Feu, elle s'enflamme, elle donne peu de fumée, elle ſe conſume, & il n'en reſte que quelque peu de féces de la nature du charbon, noires, ſpongieuſes, fragiles & terreſtres. Si cette même huile, qu'on regarde communément comme très pure, eſt expoſée de nouveau à une ſeconde diſtillation dans de l'eau bouillante, elle devient plus pure encore, plus ſubtile, plus légere, & elle laiſſe au fond du vaiſſeau quantité de nouvelles féces qui ne montent pas: les Artiſtes donnent le nom de rectifiée à cette huile ainſi purifiée. Lorſqu'on en approche quelque corps enflammé, elle s'enflamme comme la précédente, mais elle donne beaucoup moins de fumeé, & elle dépoſe moins de féces. Celles qui reſtent dans

l'eau après cette rectification font
beaucoup moins combustibles. Il paroît que par là la matière inflammable
est bien diminuée, mais que celle qui
reste devient toujours beaucoup plus
propre à nourrir & à soutenir le feu.
Si l'on réïtere soûvent de la même
maniere cette rectification, une grande partie de cette huile que l'on
croyoit auparavant inflammable, devient de nature terrestre, & moins
combustible ; mais aussi l'huile qui est
élevée par la distillation, & qui se sépare de ces nouvelles féces, devient
de plus en plus légere, limpide, subtile, elle donne une flamme claire ;
elle produit moins de fumée, & elle
laisse moins de féces après la combustion. L'on peut même la rendre si subtile en réïtérant les distillations, qu'elle brûle sans donner de fumée ni sans
laisser de féces ; mais celles qu'elle dépose dans la distillation font en plus
grande quantité. Si vous prenez encore de cette huile ainsi distillée &
entièrement combustible, & que vous
la mettiez dans un cornue de verre
bien nette, pour la faire distiller de
nouveau par un feu doux, que vous
augmenterez

augmenterez par dégrés, & si vous réiterez souvent cette opération, alors, comme nous l'apprend le fameux Boyle, la plus grande partie de cette huile se change en féces terrestres, qui restent au fond de la cornue, & qui sont peu combustibles; mais celle qui s'éleve à chaque distillation devient toujours plus pure & plus inflammable; elle peut se dissiper toute en flamme, sans donner ni fumée ni féces sensibles. Si vous rassemblez toutes les féces qui seront restées après ces différentes distillations, & si vous les exposez à l'action du feu, dans un vase bien net, découvert & en plein air, alors elles rougissent, elles étincélent, elle donnent de la fumée, quelques fois même de la flamme, & enfin elles se convertissent en cendres tout-à-fait incombustibles. Il est nécessaire de faire bien attention à ces expériences; parce qu'elles nous font déja voir que ce qu'il y a de parfaitement combustible dans l'huile la plus pure, ce qui ne donne ni fumée ni féces, est en très-petite quantité. Cela nous servira beaucoup à nous

B

former une juste idée de la nature du
Feu, considéré entant qu'il agit sur
ce qui lui sert d'aliment, & entant
qu'il est changé par ce même Aliment. Cette remarque faite, passons
à une expérience d'un autre genre,
qui mérite un nouveau dégré d'attention. Versez sur un charbon ardent,
de l'huile étherée de Térebenthine
froide ; il en sortira de la fumée, &
vous entendrez un siflement qui vous
avertit de ce qui va arriver, c'est
que quoique cette huile passe pour
la plus inflammable qui soit connue,
elle éteindra ce charbon aussi entièrement & aussi promptement que
pourroit le faire de l'eau. Il paroît
par-là que l'huile froide n'est pas allumée par un Feu vif, de la maniere qu'on le croit communément, mais
que pour cela il y a certaines circonstances à observer quand on l'expose au Feu. On soupçonnera peut-
être que cette huile ne peut être allumée que par la flamme, voyons si
cela est conforme à l'expérience. Placez donc une chandele allumée dans
un vaisseau creux de façon que la
pointe de la flamme soit au-dessous

des bords du vaisseau ; cela fait rem-
plissez le de cette même huile de térebenthine distillée & pure ; alors
vous verrez que la flamme de la chandelle s'éteint sans que l'huile s'allume.
Faites plus ; échauffez cette même
huile dans un autre vaisseau, jusqu'à
ce qu'elle fume & qu'elle soit sur le
point de bouillir, alors jettez-y un
petit charbon ardent ; vous croirez
sans doute que l'huile s'allumera ;
mais point du tout ; le charbon s'en-
foncera & s'éteindra avec sifflement.
Plongez encore une chandelle allumée dans cette même huile presque
bouillante, vous verrez qu'elle s'y
éteindra aussi tout-à-fait, sans mettre le Feu à l'huile, comme on pourroit s'y attendre. Il nous reste encore à examiner ces huiles qu'on tire
par une distillation seche des Végétaux, sans se servir d'eau : ces huiles
ont une agréable odeur de brûlé, elles font plus opaques & plus épaisses
que les précédentes. Si l'on s'y prend,
dans cet examen de la même maniere,
que je viens d'indiquer, on verra
précisément les mêmes phénomènes.
Premierement elles s'allument, elles

donnent quantité de fumée noire,
elles laissent beaucoup de féces, cependant par des distillations réitérées, elles deviennent plus pures, plus
légeres, plus limpides, elles brûlent
mieux, elles fument moins, elles laiffent moins de féces : ainsi comme les
précédentes elles se purifient & deviennent de plus en plus combustibles. Lorsqu'enfin on les a rendues
par-là semblables aux huiles essentielles, elles font affectées par le Feu
de la même maniere. Puis donc que
tout cela a constamment lieu dans les
huiles des Végétaux, en quelque état
qu'elles s'y trouvent, soit qu'elles
foient naturellement coagulées dans
quelques-unes de leurs parties, ou
féparées dans d'autres qui découlent
d'elles-mêmes, telles que la gomme,
le baume, la résine, la poix; soit
qu'on les tire par la distillation
ou par la combustion; puis donc
que c'est-là le cas de toutes ces
huiles, nous pouvons par-là acquérir une juste idée sur la plus combustible de toutes les matieres, & découvrir plusieurs choses absolument
nécessaires pour entendre l'histoire

du Feu, & fans la connoiſſance deſ-
quelles nous tomberions dans de fréquentes erreurs, lorſque nous vou-
drions expliquer ſoit la nature du
Feu, ſoit celle de la matiere combuſtible. Si l'on comprend bien ce
qui a été dit ſur cette partie des Végétaux, qui ſeule ſe conſume, lorſqu'on les expoſe à l'action du Feu,
je veux parler de leur huile, ou comme on l'appelle autrement leur ſouffre, l'on trouvera plus de facilité
dans la recherche de ce qui reſte à ſa-
voir. Il importe donc d'y faire bien
attention ; l'on en ſentira l'utilité
dans la ſuite.

Tous les Végétaux, de quelque
eſpéce qu'ils ſoient, brûlés au point
que d'être bien pénétrés de Feu dans
tout leur intérieur, ſans être cependant réduits en cendres, perdent leur
Feu, ſi on les étouffe tout d'un coup
coup dans un air enfermé, ou ſi on
les éteint avec de l'eau, ou ſi on les
enſevelit profondément ſous les cendres, ou ſous d'autres corps qui les
environnent exactement de tout côté : ils ſe changent alors en un Corps
très-noir dans toute ſa ſubſtance, ſi

En ſixiéme lieu, du char-bon.

B iij

au moins l'on a foin de fecouer la cendre qui peut s'être attachée à fa fuperficie : c'eft ce qu'on appelle charbon. Si l'on met quelque végétal que ce foit dans une cornue de métal, de terre, ou de verre, & qu'on le preffe par un Feu affez violent, & foutenu jufqu'à ce qu'il ne diftille prefque plus rien de la cornue dans le récipient ; alors, fi l'opération a été faite dans des vaiffeaux bien fermés, où il ne foit entré aucun air, après que le tout fera refroidi, il reftera au fond de la cornue une matiere fort noire, & qui fera un vrai charbon femblable à tous égards au précédent. Les charbons de quelqu'une de ces deux efpéces qu'ils foient, mis fur un Feu allumé, prennent Feu très-aifément, le confervent fortement, & fe confument prefque entierement fans fumée, auffi longtems qu'il leur refte quelque peu de noirceur, & cependant ils répandent une exhalaifon qui fait mourir promptement & fans aucun fentiment tout animal qui la refpire dans un endroit fermé ; la même chofe a lieu foit qu'on employe du charbon d'herbes ou de bois, ou de tourbes. Après que tout ce qu'il y avoit de noir dans le charbon eſt conſumé par le Feu, il n'en reſte rien qu'une poudre blanchâtre, qu'on appelle cendres, & qu'il eſt impoſſible d'allumer de nouveau, quelque Feu qu'on employe pour cela ; tout ce qu'on pourra faire, ce ſera de pénétrer ces cendres de Feu, de la même maniere qu'on en peut pénétrer les métaux, les pierres & d'autres Corps ſemblables, qui, comme nous l'avons vu ci-devant, retiennent le Feu ſans ſe conſumer. C'eſt une choſe remarquable que le charbon ne perd la propriété qu'il a de nourrir le Feu, qu'au moment qu'il a changé ſa noirceur contre cette couleur cendrée, & qu'il la garde conſtamment auſſi long-tems que cette noirceur lui reſte. Nous en avons une preuve évidente dans une belle expérience, qui ſert ſouvent, il eſt vrai, d'amuſement aux enfans, mais qui ne laiſſe pas de rendre fort ſenſible ce que j'avance. Elle ſe fait avec du charbon végétable très-fin, je veux dire avec du papier brûlé au point, que d'être tout-à-fait noir :

B iiij

fi une étincelle vient à tomber deffus, elle fe promène fur tout ce papier, en abandonnant les endroits où
elle a mis le Feu, & qui paroiffent
d'abord blanchâtres, pour paffer
promptement à ceux qui ont encore quelque noirceur; & elle continue à parcourir ainfi toute la feuille,
jufqu'a ce qu'en ayant entierement
confumé ce qu'il y a de noir, elle
ne laiffe plus que des cendres qui ont
encore quelque efpéce de cohéfion,
& qui confervent la forme d'une
feuille de papier très-mince. Le charbon végétable eft donc cette partie
des Végétaux d'où le Feu a chaffé
l'eau, les Efprits, les fels volatils,
& quelque peu de cette huile légere qui eft moins unie avec les autres
parties; mais où il a laiffé la terre &
le fel fixe, & cela de façon qu'en
augmentant leur volume, il a couvert toute leur fuperficie d'une huile
rarefiée & atténuée, & qui à contracté une couleur noire en brûlant. Car
tout ce qui paroît noir dans un charbon n'eft autre chofe que de l'huile
qui mue rapidement & fort dilatée
par l'action du Feu, s'eft dégagée en

partie de ce qui n'étoit pas inflammable, & qui prête à s'enflammer, & attirée à la superficie, est restée appliquée par cette subite suffocation à la partie extérieure des petits pores qui contenoient, avant la préparation du charbon, de l'eau, des esprits & des sels volatils. De tout cela nous pouvons conclure que la propriété que le charbon a d'être combustible, ne consiste que dans cette huile qui lui est restée unie, & que les autres parties qu'il renferme ne sont nullement combustibles ou inflammables, au point que d'être consumées par le Feu qui leur est communiqué, comme cela arrive aux Corps qui sont l'aliment propre de cet élément.

Pour ne rien omettre de ce qui peut contribuer à rendre cette histoire complette, nous examinerons aussi ces cendres qui sont les restes des Végétaux brûlés. Lorsqu'elles ne sont pas mêlées avec d'autres, elles sont presque toujours blanchâtres, & d'un gout salé, il n'y a que celles de quelques plantes qui ont été exceptées ci-devant, qui soient insipides. Si on les fait bouillir avec de l'eau pure, dans un vaisseau bien net, elles donnent une lessive d'un gout âcre, alcalin, ignée, urineux. Si l'on réitere plusieurs fois cette opération, & qu'à chaque fois on ait soin de verser de dessus les cendres l'eau impregnée de cette saveur, & d'y en remettre de l'autre, & cela jusqu'à ce qu'après avoir bouilli avec ces cendres elle reste aussi insipide qu'elle étoit auparavant ; si ensuite l'on mêle toutes ces lessives, & qu'on les fasse évaporer sur le Feu, jusqu'à siccité, il restera toujours au fond du vaisseau un sel blanc, âcre, alcalin, ignée, fixe.

Donc le sel ne peut pas servir d'Aliment au Feu. Ce sel exposé à un Feu violent peut devenir rouge-blanc, & conserver son éclat pendant quelque-tems, mais il ne se consume pas par le Feu, il n'est plus aucunement propre à le nourrir, ou à exciter de la flamme. Les sels alcalis fixes sont donc incombustibles aussi bien que les pierres, &c.

non plus que leur terre. Considérons encore cette autre partie des cendres, qui reste au fond de l'eau, après qu'on en a séparé tout le sel. Lorsqu'elle est bien séchée, &

qu'il n'y a rien d'étranger de mêlé, c'eſt une terre légere, blanche, très-ſimple, & ſur laquelle le Feu ne peut produire abſolument aucun changement. Cela ſe voit clairement dans les Coupelles qui ſe font de cette terre paitrie avec de l'eau pure; expoſée au Feu le plus violent & continué pendant très-long-tems, elles deviennent d'un rouge-blanc, comme les autres Corps ſolides incombuſtibles; mais cette terre dont elles ſont compoſées ne peut ni ſe brûler, ni s'enflammer, ni ſervir d'aliment au Feu.

Nous commençons ainſi à decouvrir par dégrés quelles ſont proprement les parties des Végétaux, qui nourriſſent la flamme ou le Feu, & qui y reſtent auſſi long tems que tout n'eſt pas éteint. Mais pendant que les Végétaux brulent, il en ſort de tout côté une abondante fumée qui eſt d'abord aqueuſe, ſubtile, qui à chaque moment devient de plus en plus épaiſſe, & qui eſt enfin tout-à-fait noire & denſe, & cela principalement au moment que la flamme va paroître; & ordinairement la flamme s'en éleuEn neuviéme lieu, de la fumée.

ve tout d'un coup avec bruît : dès qu'elle paroît, auſſi-tôt la fumée diminue, & cela de plus en plus à proportion que la flamme devient plus vive, & lorſqu'elle eſt tout-à-fait claire, la fumée ſemble ceſſer entiérement, quoiqu'il s'en éleve encore. Ainſi il paroit que la fumée eſt un mélange confus des parties végétables qui ſervent d'aliment au Feu, & qui ſont mues rapidement, élevées & frottées entr'elles par l'action du Feu, mais pas encore entiérement allumées. Lorſque cette action continue & s'augmente, alors ces mêmes particules agitées par une plus grande quantité de Feu deviennent blanches dans l'air, elles reſplendiſſent de tout côté ; extrêmement atténuées, elles deviennent du Feu pur, & ainſi la fumée ſe convertit en flamme. On voit par-là comment il arrive qu'une flamme vive qui environne tout un Corps en Feu, ſemble conſumer & réduire en flamme ſans fumée, les parties inférieures qui ſont agitées par la force du Feu ; car il eſt certain que la fumée peut ſe convertir entierement en flamme, à moins

qu'elle ne foit tout-à-fait aqueufe.
C'eft ce qui eft connu déja depuis
long-tems par l'expérience qu'on en
a faite avec une machine qui confume la fumée. On y voit clairement à
l'œil que la fumée noire des Végétaux, excitée par le Feu, eft un charbon combuftible dans un grand Feu,
ou dans une grande flamme : elle y
eft ou réduite en cendres ou tellement atténuée qu'elle échappe à nos
fens, & qu'elle fe diffipe dans l'air.

Nous fommes redevables de cette *Machine qui* machine à un ingénieux Ouvrier, *confume la fu-* nommé Dalefme qui l'inventa à Pa- *mée.* ris en 1686, comme nous l'apprenons par le Journal des Savans de
cette même année, pag. 116. Un An-
glois nommé Juftelius, eft le premier
qui en ait donné enfuite la figure à
peu près dans le même tems, dans les
tranfactions philofophiques. En voi-
ci la defcription. A B C D eft un *PLANCHE* cylindre de tole, creux, ouvert par *IV. Fig 1.*
les deux bouts ; à fa bafe inférieure
B D eft ajuftée en dedans une petite
grille B D. Ce cylindre qui fert de
foyer dans cet inftrument, eft adhérent au tube cylindrique E F G, de

façon que leurs deux cavités ont communication entr'elles. Ce tube E F G qui est de même capacité & de même matiere que A B C D, est ouvert en G & fermé en E. Si l'on a soin de bien échauffer d'abord le tube E F G, & qu'on mette ensuite sur la grille B D des charbons ardents, & sur ces charbons quelque matiere combustible, alors la flamme qui est excitée, descend dans le tube E F, & monte par F G; ainsi toute la chaleur sort par l'ouverture G. Toute la fumée qui prend aussi le même chemin par le tube E F G, est obligée de passer par la flamme dont il est rempli ; & là agitée par le Feu elle devient plus subtile, change de nature, se convertit en flamme, & c'est sous cette forme qu'elle sort par l'ouverture G, sans qu'on voie ni fumée ni suye. Le fameux DE LA HIRE, dans l'endroit du Journal que j'ai cité, a fait quelques réflexions sur cette machine. Afin que j'en puisse démontrer l'effet, j'en ai fait construire une de plaque de fer battu, telle que je vais la décrire. A B C D E F est un vaisseau creux fait de cinq plaques de fer, égales & foudées les unes aux autres aussi exactement qu'il a été possible ; il n'est ouvert que par en haut en A B C D. A la hauteur E I au-dedans de ce vase est la grille I K L M. Au côté D F il y a un trou ovale N O de la largeur M K, & de la hauteur E I ou F K. On applique à cette ouverture le tube O G H, ouvert en O N & en H, & qui est par-tout de la même largeur. On met des charbons ardens sur la grille L K, afin que le vaisseau s'échauffe ; l'air qui est dans la cavité du tuyau N O G P s'échauffe en même tems, & afin que cela se fasse plus promptement, on approche les charbons du côté de ce tuyau. Aussi-tôt que l'air, qui est au-dessous de la grille, & dans ce tuyau N O G P, est échauffé, la chaleur que les charbons avoient exci- tée dans le vaisseau C K, au-dessus de la grille, commence à diminuer, & la chaleur qui est en L F au-des- sous de la grille & dans le tuyau N O G P augmente à proportion, de sor- te que l'on s'apperçoit bientôt que la force du Feu, & la flamme se por- tent en bas, ce qui produit un nouveau dégré de froid au-dessus des charbons qui sont sur la grille. Après que tout est ainsi disposé, si l'on met de la paille sur les charbons, d'abord la flamme passe rapidement par les trous de la grille, remplit le tuyau O G H, & sort par l'ouverture H, sans donner aucune fumée; & là elle produit une très-grande chaleur, pendant que l'espace C K reste froid. Si l'on y ajoute du bois, des tourbes, du souffre, des huiles, la même chose arrive, & le Feu agit tellement sur ce tuyau, qu'on le voit rougir, & qu'on entend le bruit que fait la flamme, qui est agitée au-dedans avec beaucoup de rapidité. On remarque aussi que les Corps, qui brûlés autrement donnent une forte odeur, soit bonne, soit mauvaise, se consument ici sans en donner aucune, & ne laissent que des cendres dans le fond du vaisseau, au-dessous de la grille; toutes leurs autres parties sont poussées par la force de l'air qui pèse sur l'ouverture du foyer, dans ce tuyau qui est plus haut & plus étroit que le vaisseau qui contient le Feu, de façon que toute la flamme & toute la violence du Feu ſont renfermées dans l'eſpace L F O G H; par conſéquent donc les parties combuſtibles réduites par le Feu en une épaiſſe fumée, ſont pouſſées dans cette flamme pure, & non dans l'air; là elles ſont violemment agitées, & tellement atténuées par la force du Feu dans ce long chemin qu'elles doivent parcourir, que tout ce qu'elles ont de combuſtible ou de tellement diviſible par le Feu qu'il échappe aux ſens, ſe diſſipe & ne ſe fait remarquer par aucune qualité particuliere. La fumée eſt donc une matiere combuſtible, fortement agitée, mais qui n'eſt pas encore brillante ou lumineuſe, & la flamme eſt formée de cette même matiere, mais déja lumineuſe & diviſée en de très-petites particules. On a encore d'autres expériences qui prouvent l'inflammabilité de la fumée. Mettez, par exemple, de la rapure de bois de gayac dans une cornue, & par un Feu violent faites qu'il s'en éleve une épaiſſe fumée; à la fin de l'opération, lorſque le Feu n'en fait plus ſortir qu'une huile extrêmément atténuée & raréfiée, ſi la fumée vient à s'échapper par les fentes qui se sont formées dans le lut, & qu'on en approche une chandelle, elle prend Feu, & même ce n'est pas sans danger pour les Assistans. La même chose a lieu dans toutes les parties du Corps d'un animal, sur lesquelles on peut faire la même expérience. La fumée approche donc fort de la flamme, & cela toujours plus à proportion qu'elle est plus noire, parce qu'elle est alors un véritable charbon fort rare, atténué, volatil, & très-inflammable ; comme chacun peut s'en convaincre par ce qui a été dit ci-devant dans l'histoire du charbon. Je conclus donc qu'il n'y a rien dans la fumée qui serve d'aliment au Feu, excepté l'huile qu'elle contient : c'est ce qui paroîtra encore bientôt plus clairement.

Enfin de la Suye, Enfin la derniere chose qui nous reste à remarquer, c'est que quand on brûle des Végétaux, la fumée qui s'en éleve insinue dans les parois de la cheminée une humidité pénétrante, noire & grasse ; elle les peint d'une couleur très-noire ; elle s'amasse sur leur superficie en forme de floccons

noirs, peu adhérens, & qui tombent
aifément; cette matiere ainfi raffem-
blée s'appelle fuye. C'eft auffi un
charbon volatil, mais fort gras; par
conféquent lorfqu'elle eft féche, elle
eft très-inflammable. Elle eft très-
amere comme les huiles brûlées. La
quantité d'huile qu'elle contient eft
ce qui la rend graffe. Sa noirceur lui
eft donnée par cette même huile brûlée, comme cela arrive à tout charbon. Elle paroit fort fimple; mais cependant fi on la refoud en fes principes par la diftillation, elle donne
premierement une affez grande quantité d'eau, qui étant exactement féparée de tout autre chofe, éteint la
flamme & le Feu. La vapeur aqueufe, qui s'éleve encore dans cette premiere diftillation, éteint auffi tout-
à-fait le Feu, de forte qu'à parler
proprement on ne peut guères l'ap-
peller efprit. Si l'on augmente enfuite le Feu, il fort de la fuye une
grande quantité d'huile jaunâtre, inflammable, & qui eft un aliment très-
convenable au Feu & à la flamme. La
partie la plus fubtile de cette huile
qu'on appelle efprit, eft auffi inflam-

mable : on en tire cependant un fel très-volatil, un autre qui l'eft moins & un troifiéme qui eft plus fec. Si l'on fépare exactement ces fels de l'huile & de l'efprit, dont je viens de parler, on n'y trouvera rien d'inflammable ; le fel qui reftera fera entierement incombuftible. Enfin la derniere chofe qu'on trouvera par cette Analyfe, c'eft du charbon, tel que celui dont nous avons parlé dans la feptiéme & la huitiéme de ces obfervations. On voit à préfent ce que c'eft que la fuye, & ce qu'elle renferme de véritablement combuftible. Si on l'ôte de la cheminée lorfqu'elle eft féche, & qu'on la mette ainfi récente fur le Feu, elle brûle & elle s'enflamme prefque auffi bien que toute autre matiere combuftible ; c'eft ce qu'on n'a que trop fouvent occafion de remarquer ; combien de fois ne voit-on pas que fi on laiffe longtems des cheminées, fous lefquelles on fait ordinairement grand Feu, fans les nettoyer, la fuye s'y amaffe, le Feu y prend, & la Flamme fortant par le haut de la cheminée, caufe de fâcheufes incendies ?

Tout ce qui vient d'être dit nous apprend qu'elle eſt proprement dans un végétal crud la partie inflammable, & qui peut paſſer à juſte titre pour l'aliment du Feu ; ce n'eſt que ſon huile, ou épaiſſe ou ſubtile comme les eſprits ; il n'importe ſous quelle forme elle y ſoit renfermée.

Comme nous avons rapporté juſques ici tout ce qu'il y a à dire & à examiner ſur la nature du Feu, pour être en état de déterminer exactement ce qu'il y a proprement dans les Végétaux qui lui ſert de nourriture, nous devons à préſent nous rappeller que ce qui a été dit nous convainc qu'on n'a rien trouvé dans les Végétaux cruds qui puſſe être diſſout dans l'eau, & nourrir en même tems le Feu de la maniere qui a été expliquée ; mais ſi l'on fait attention à ce que la fermentation chymique opere ſur les Végétaux qui en ſont ſuſceptibles, on trouvera qu'elle produit une liqueur qu'on appelle vin ; ce vin bien purifié ſuivant toutes les régles de l'art, éteint le Feu ſur lequel on le jette, & il ne peut jamais s'allumer ni ſervir d'alliment à la Flamme. Si vous mettez de ce vin dans un vaisseau de verre bien net, & que par un Feu moderé vous faſſiez évaporer la partie la plus volatile, la vapeur qui en ſortira s'enflammera difficilement, & même elle éteindra pour l'ordinaire la Flamme que vous en approcherez.

mais l'eſprit de vin. Mais ſi en refroidiſſant cette vapeur, on la réduit en liqueur, & qu'on la diſtille encore de nouveau, on aura une liqueur qui peut ſe mêler avec l'eau, qui expoſée au Feu s'allume parfaitement & ſe conſume toute, en produiſant une Flamme vive. Or la lie du vin, ou le marc qu'il dépoſe après la diſtillation dont je viens de parler, étant examiné par le Feu, on y trouve preſque les mêmes choſes que j'ai dit ci-devant qu'on trouvoit dans les Végétaux cruds examinés auſſi par le Feu. Cela nous apprend que par la fermentation il ſe produit une liqueur végétable qui peut ſe mêler avec l'eau, qui eſt propre à nourrir la Flamme, & qui n'étoit pas auparavant dans la plante.

La Putré- faction des Voyons encore ce qui arrive aux Végétaux traités d'une autre maniere : la chose en vaut la peine. Si l'on Végétaux produit du Feu. coupe des végétaux encore pleins de leurs sucs naturels, & que d'abord on les accumule par grands monceaux, ou qu'on les renferme & qu'on les presse bien dans de grandes cuves de bois, ils s'échauffent d'eux-mêmes ; leur chaleur devient insensiblement très-grande, il en sort alors une fumée aqueuse & une odeur très désagréable : la fumée devient ensuite noire, & enfin il s'en éleve de la Flamme & des étincelles. Mais si après avoir coupé ces mêmes Végétaux, on a soin de les faire sécher à l'air, & qu'ainsi mis en monceaux, ils restent secs, alors il ne leur survient aucun changement. Si lorsqu'ils font dans cet état, on les humecte en les arrosant d'eau, ils s'échauffent & s'enflamment tous comme ceux qui sont encore remplis de suc. Si après s'être ainsi échauffés d'eux-mêmes & être restés dans cet état pendant quelque tems, ils viennent à se réfroidir sans s'enflammer, ils sont alors entierement pourris & convertis en une bouillie fétide. Si l'on distille cette bouillie, on en tirera premierement une vapeur aqueuſe qui éteindra le Feu & la Flamme; ſi l'on fait ſécher ce qui reſte après que cette liqueur aqueuſe eſt ſortie, & qu'on l'expoſe à l'action d'un Feu ouvert, on en tirera preſque les mêmes choſes qui ſe trouvent dans les Végétaux cruds brûlés ou fermentés.

Enfin ſi l'on fait diſtiller lentement dans une cornue de verre des Végétaux bien pourris, & cela en les expoſant à un dégré de Feu modéré, juſqu'à ce qu'ils ſoient devenus preſque entierement ſecs; il en ſortira premierement une eau fétide, un peu graſſe ou trouble, dans laquelle l'art fait découvrir un ſel alcali volatil, mais parfaitement diſſout; & c'eſt ce ſel qui fait paroître cette liqueur un peu graſſe, plutôt que l'huile qui y eſt mêlée. Or que l'on jette dans le Feu cette liqueur, ſoit lorſqu'elle eſt ainſi impregnée d'huile, ſoit après en avoir ſéparé le ſel, & l'avoir convertie en une eau plus pure, l'évenement eſt toujours le même; dans l'un & l'autre cas elle éteint le Feu.

& quelques parties inflammables. Si après avoir ſéparé cette premiere liqueur, on continue à preſ-

ſer

fer par le Feu la matiere presque séche qui reste dans la cornue, il en
sort une liqueur fluide, grasse, fétide,
subtile, qui nage sur l'eau & qui
nourrit la flamme, comme l'huile ou
l'esprit de vin. Quand cet esprit ou
cette huile subtile est séparée, si l'on
augmente la force du Feu, on fait
monter en même tems & en assez
grande quantité, un sel alcali volatil & une huile plus épaisse que la
précédente, mais qui est aussi inflammable, au lieu que le sel est incombustible. Si l'on presse encore ce qui
reste, par un Feu violent & soutenu
pendant assez long-tems, il en forti-
ra une huile plus épaisse, plus vis-
queuse, & presque de la nature de la
poix: cette huile est très-combusti-
ble; dans le tems qu'elle sort, on voit
monter une vapeur dense qui prend
Feu promptement dans l'air ouvert,
si l'on en approche une chandelle allumée. Si l'on continue l'opération
en ayant soin que le Feu soit toujours
vif, on tirera de cette matiere un
Phosphore, qui s'il n'a pas toute la
solidité de celui qui se tire des parties
des animaux, en approchera de fort

II Partie. C

près à plusieurs égard. Enfin après la séparation de cette matiere lumineuse, il reste dans la cornue un charbon très-noir, tel que celui qui a été décrit ci-devant, où il y aura à la vérité beaucoup d'huile noire inflammable, mais où l'on ne pourra découvrir aucun sel fixe.

Conclusion de ce qui vient d'être dit sur tout ce qu'il y a de combustible dans les plantes. Par tout ce qui vient d'être dit, nous connoissons les parties qui se trouvent naturellement dans les Végétaux ; & qui prises séparément, ou toutes ensemble, font telles, que quand on les approche du Feu, elles s'enflamment, & servent à continuer ou à nourrir ce Feu, jusqu'à ce qu'elles soient entierement consumées ; nous connoissons aussi celles qui produisent bien le même effet, mais que l'art tire des Végétaux ou produit dans eux. Nous savons donc certainement, qu'entre ces parties ; l'eau, les esprits qu'on appelle natifs, les sels quels qu'ils soient, & la terre, font des Corps qui peuvent être échauffés, & par conséquent peuvent recevoir du Feu dans leur substance, le retenir, le conserver assez long-tems, mais avec certaines différences

qui ont été indiquées ci-devant, &
le communiquer même à d'autres
Corps suivant qu'on le juge à propos. La terre & les sels fixes des
Végétaux exposés à un Feu très-violent, peuvent aussi devenir rouges-
blancs, & conserver pendant quelque tems cette couleur éclatante ; mais
cependant il n'y a aucune de ces quatre parties que le Feu puisse enflammer & consumer, comme celles qu'on
appelle proprement les alimens du
Feu. Il y a ensuite dans les plantes,
des huiles de diverses espéces, des
baumes, des gommes qui y sont renfermées, des résines & des gomme-
résines qui sont un composé de gommes & de résines ; ces cinq espèces
différentes de parties peuvent aussi
être échauffées par le Feu, le retenir
long-tems, le communiquer à d'autres Corps, & cela sans ignition &
sans inflammation ; mais exposées à
un plus grand Feu elle se fondent,
elles bouillent, & elles peuvent servir d'aliment à la flamme & au Feu ;
cependant lorsqu'elles brulent, la
Flamme ne consume que ce qu'elles
ont d'huile ; le reste n'étant presque

que de la terre, n'est affecté par le Feu que comme ces autres parties terreſtres dont il a été parlé.

Enfin les eſprits des Végétaux, produits par la fermentation & les huiles qu'on tire après ces eſprits des plantes fermentées; les eſprits & les huiles qui ſont une production de la putréfaction; toutes ces liqueurs bien purifiées, ſont toujours entiérement inflammables. Nous ſommes donc convaincus par les expériences les plus évidentes, & très-ſouvent réitérées, que les ſeules huiles des Végétaux, quelles qu'elles ſoient, conſtituent cette matiere dans les plantes qui, ſans l'addition d'aucune autre partie, peut être agitée par le Feu, au point que de former avec ce Feu une véritable Flamme qu'elle conſerve auſſi long-tems qu'il lui reſte de ſon huile, car la Flamme conſume cette huiles, & dès qu'il n'y en a plus la Flamme s'éteint. Quoique cette huile ſoit contenue dans les plantes en différentes manieres, & puiſſe être fort changée par diverſes cauſes, cependant elle demeure toujours inflammable, de la maniere que je l'ai

expliqué, pendant tout le tems qu'elle demeure huile. La fermentation &
la putréfaction attenuent ces huiles
au point que d'en faire des esprits si
subtils, qu'ils peuvent se mêler avec
l'eau, & cependant ces mêmes esprits
restent entiérement inflammables, &
produisent tous les mêmes effets que
les véritables huiles considerées comme aliment du Feu. Quand on a séparé du Corps entier d'une plante,
ou de chacune de ses parties prises à
part, tout ce qui est véritablement de
nature hideuse, ce qui reste après
cette opération, ne peut par aucun
art ou aucun moyen connu, être rendu propre à s'enflammer ou à nourrir la Flamme; cependant les parties
aqueuses, spiritueuses, salines & terrestres, lorsque l'huile dont elles font
encore impregnées, vient à brûler,
font mues, agitées & élancées par le
Feu, & produisent par-là un très-
grand frottement au milieu de la flamme. Les parties ainsi agitées font que
le Feu s'applique avec plus de violence aux autres Corps; elles deffen-
dent même l'huile pendant quelque
tems & empêchent qu'elle ne soit d'a-

bord confumée par la Flamme ; cela eft caufe que la matiere qui nourrit le Feu, ne fe diffipe & ne s'exhale pas trop tôt.

Si l'on fait bien attention à tous ces effets, on fe convaincra aifément que la force du Feu qui confume les Végétaux ne dépend pas du feul Feu élémentaire ; & de l'huile que ce Feu allume, mais qu'elle dépend principalement de ces autres parties incombuftibles, agitées très-rapidement dans la fphere d'activité de ce Feu. De-là vient, que quand le Feu élémentaire n'agit que fur le plus parfait des Corps combuftibles, je veux dire fur de l'Alcohol bien pur, il ne produit pas des effets fi violents, ni une fi grande chaleur, que quand il agit, par exemple fur du charbon foffile, dont la plus grande partie n'eft pas inflammable. Un morceau de bois de pin, encore bien pénétré de fon huile, fait auffi un Feu beaucoup plus violent que fon huile feule, lorfqu'eleft bien purifiée & féparée avec tout le foin poffible prefque de toute matiere qui n'eft pas inflammable. Cela fait voir la vérité de cette efpéce de paradoxe, c'eſt que quand quelque matiere entierement inflammable brû-le ſeule, elle produit ſouvent moins de Feu que quand elle eſt mêlée avec quelqu'autre Corps qui n'eſt pas inflammable. De là vient que l'Auteur de la nature n'a créé nulle part aucun Corps entiérement inflammable ſéparé de tout autre, & qu'il a caché tous les Corps de cette eſpèce dans la ſubſtance des autres Corps non combuſtibles, qui leur aident à produire de plus grands effets. Comme ceci eſt d'une très-grande importance pour le ſujet que nous traitons, je vai tâcher d'en donner une juſte idée Lorſqu'on met du bois huileux ſur un braſier ardent, il n'y a que l'huile dont il eſt pénétré, jointe au Feu qui puiſſe produire de la Flamme, & qui en produiſe en effet. Cette Flamme ainſi produite ſe promenant ſur la ſuperficie du bois, ſaiſit, brûle, conſume & convertit en une nouvelle Flamme toute l'huile ſur laquelle elle peut agir à découvert ; par-là elle ſe ſoutient & s'augmente continuellement auſſi long-tems que l'huile eſt expoſée à ſon action. Cependant com-

C iiij

me la terre & les fels font joints intimément à cette huile, ils font divifés en très-petites parties par la rapidité du Feu, & agités avec plus de
violence au milieu de la Flamme que
l'huile même ; agitation prefque plus
rapide que tout autre qui nous foit
connue. Le frottement violent de
toutes ces parties dures, & qui font
comprimées étroitement par l'Atmofphere, attire de nouveau Feu, & le
rend beaucoup plus ardent & plus
abondant dans cet endroit, ce qui
fait que l'huile en eft de nouveau
plus agitée ; on conçoit par là quelle
doit être la vivacité de ce Feu une
fois allumé. Pendant que cela fe paffe,
toute la fubftance du morceau de
bois qui a été mis fur le brafier, s'é-
chauffe, fe fend, fe dilate ; ce qu'elle renferme d'élaftique en fort avec
violence, fon huile fondue fe fait
paffage ; & fert à fournir fucceffivement une nouvelle matiere à l'action
du Feu. Quand ce n'eft que de
l'huile bien purifiée qui brûle, alors
les parties huileufes qui fe trouvent
feules, font bien agitées très-rapidement en tout fens par les élémens

du Feu, mais quoiqu'elles foient fléxibles & tenaces, elles font certainement plus molles, ainfi elles ne font pas fufceptibles d'un fi grand frottement, ni ne produifent pas un Feu fi violent; elles brûleront plus vîte il eft vrai; mais leur impétuofité fera de courte durée, & ne raffemblera pas le Feu fi fortement. Je crois qu'en voilà affez fur l'aliment que les Végétaux fourniffent au Feu.

Nous devons à préfent examiner avec foin de quelle maniere la nature opere, lorfque cette matiere végétable, dont il vient d'être amplement parlé, nourrit le Feu à l'action duquel elle eft expofée. J'ai beaucoup travaillé pour découvrir ce qui en eft. Mes recherches m'ont enfin appris, premierement que toutes ces parties des Végétaux qui peuvent avec le Feu former une véritable Flamme, font telles qu'on peut les mêler enfemble, lors fur-tout qu'elles font bien pures & fimples. L'Alcohol par exemple qui eft le feul Corps parfaitement inflammable qui nous foit connu, quelle que foit la matiere avec laquelle on l'ait préparé, fe mê-

De la maniere dont le Feu eft entretenu par cet Aliment.

le intimement, pourvu qu'il soit bien
pur, avec toute autre espéce d'Alcohol, & cela sans qu'on y remarque aucune différence après le mélange. Les diverses huiles, bien pures & dégagées de tout Corps étranger, se mêlent aussi entr'elles, comme toutes sortes d'expériences nous
en convainquent. J'avoue que par
une distillation long-tems soutenue,
on tire de quelques matieres demi-
fossiles, telles que le succin, des
huiles qui sans se mêler, forment des
couches les unes au-dessus des autres ;
mais il est connu que les plus pesantes de ces huiles exprimées par le
plus grand Feu, ne contiennent presque que la masse fondue & fort mêlée
du Corps sur lequel on a travaillé ;
& d'ailleurs je ne parle ici que des
seuls Végétaux ; & il me suffit pour
le présent, que toutes les huiles des
Végétaux soient telles qu'on puisse
les mêler & en former un liquide homogène, où l'on aura peine à remarquer aucune différence. Toutes
sortes d'huiles bien purifiées, & de
l'Alcohol très-pur, peuvent encore
se mêler si bien ensemble dans un inf-

tant, que le mélange qui en réfultera
fera parfaitement homogène, fans
qu'on y puiffe remarquer la moindre
diverfité avec les meilleurs microfco-
pes. Cependant ce que je dis ici
fuppofe qu'il n'y a pas une feule
goute d'eau dans l'Alcohol ou dans
l'huile, car alors ce mélange feroit
impoffible. Le camphre même qui
eft un des Corps végétables entiérement combuftibles, fe diffoud parfaitement non-feulement dans l'Alcohol, mais encore dans toute huile
bien pure. Les autres parties folides
des Végétaux qui font tout-à-fait inflammables, peuvent auffi être mêlees
avec les huiles & avec l'Alcohol, &
cela plus intimément à proportion
qu'elles font plus inflammables. On
trouve conftamment que cela a lieu
par rapport aux réfines, aux beaumes, aux gommes-réfines. Ainfi mêlées ces parties peuvent être rendues
fluides par un Feu doux, ou elles fe
diffolvent d'elles-mêmes. Le camphre, par exemple, fe fond d'abord
fur un petit Feu ; les beaumes, les
colophones, les réfines, avec quelle
facilité ne fe diffolvent-elles pas ? Il

faut remarquer qu'il y a plufieurs de
ces liquides combuftibles qui ne peuvent pas être glacés par aucun froid
connu jufqu'à préfent ; on en a une
preuve dans l'huile de lin & dans plufieurs autres. Une autre chofe qui ne
mérite pas moins d'être obfervée,
c'eft que tous ces fluides, parfaitement inflammables, foit purs, foit
mêlés enfemble, ont leurs parties adhérentes les unes aux autres par une
vifcofité ténace, qui s'oppofe fenfi-
blement à leur féparation. Qu'on
examine l'Alcohol, le plus fubtil des
fluides qui foit connu, on découvre
que fes parties font autant de petits
filets qui s'attachent aux doigts quand
on les manie ; quand on le mêle avec
de l'eau, on voit alors que fes parties
tendant à refter adhérentes les unes
aux autres, fe gliffent au milieu de
l'eau fous la forme de petitës an-
guillës, qui par leurs replis font une
preuve de la ténacité dont il s'agit.
Si l'on détrempe quelques hüiles avec
de l'Alcohol, on voit auffi de femblables filets. Une autre remarque
qu'il y a à faire, eft que toutes les
hüiles qu i paffent pour inflammables,

brûlent plus promptement, plus parfaitement, avec moins de fumée, &
laiſſent moins de cendres après leur
combuſtion, à proportion qu'elles
ſont moins épaiſſes, & que leur ſubtilité approche plus de celle de l'Alcohol. Une expérience conſtante
nous en convainc ; mais auſſi la
Flamme que ces huiles produiſent, eſt
plus foible à proportion qu'elles ſont
plus ſubtiles. Voilà donc des expériences concernant la nature de l'a-
liment du Feu, qui ont toujours le
même ſuccès : nous pourrons peut-
être nous en ſervir utilement pour
avancer quelque choſe de juſte ſur la
maniere dont le Feu agit ſur ſon aliment, & ſur la maniere dont il en eſt
affecté à ſon tour. Ici encore je ne
conclurai rien qu'à l'aide d'une ſuite
d'expériences.

E X P É R I E N C E I.

Si l'on met dans un vaiſſeau de
cuivre, cylindrique & bien net, le
liquide le plus inflammable de tous
ceux qui nous ſont connus ; je veux
dire de l'Alcohol bien purifié & ſroid,

& qu'on y plonge tout d'un coup une allumette en Feu ; on croira que l'Alcohol s'allumera ; rien moins que cela ; au contraire l'allumette s'éteindra d'abord comme fi on la plongeoit dans de l'eau pure ; mais voici une chofe à quoi on s'attendroit moins encore. Qu'on prenne un charbon bien ardent, & qu'on le plonge promptement dans ce même Alcohol ; qu'arrive-t'il ? Il s'éteint de même, tout comme fi on le plongeoit dans de l'eau froide. Mais qu'on ait une allumette en Feu dans une bonne partie de fa longueur, & qu'on en plonge un bout dans l'Alcohol, de façon qu'il y ait encore une partie de la Flamme au-deffus de la furface de l'Alcohol ; alors l'Alcohol qui eft attiré dans l'allumette, commence à brûler, & bientôt après toute fa furface eft en Feu.

C O R O L L A I R E I.

Il paroit clairement par cette expérience, qu'un Feu ardent ne peut enflammer la plus combuftible de toutes les matieres connues, fi ce

n'eſt dans ſa ſuperficie qui eſt contigue à l'air ; & qu'au contraire il s'é-
teint entierement lorſqu'on l'enfonce
tout entier dans la ſubſtance de cette
matiere inflammablé, ſans qu'il ait
aucune communication avec l'air qui
eſt autour. C'eſt-là un phénomène
très-remarquable, & auquel on n'a
preſque pas fait attention.

C O R O L L A I R E 2.

Il n'eſt donc pas vrai que le Feu
allume ſi aiſément même ces Corps
qui ſont les plus inflammbles.

E X P É R I E N C E II.

Si l'on remplit le même vaiſſeau
dont il a été parlé dans l'expérience
précédente, d'Alcohol bien pur, &
qu'on ait ſoin d'échauffer cet alcohol
juſqu'à ce qu'on le voie fumer; ſi
alors on approche de cette ſumée une
allumette en Feu, cette vapeur s'allume d'abord, & la Flamme s'étend
parfaitement ſur toute la ſurface de
l'Alcohol échauffé ; mais elle reſte
exactement ſur toute l'étendue de

cette superficie, comme sur une base ferme : quelque moyen qu'on employe, on ne parviendra pas à enflammer la masse de l'Alcohol qui est
au-dessous de cette superficie. On
voit que toute cette masse reste entiere, transparente & sans être en
Feu ; il ne semble pas même que la
Flamme qui est au-dessus la touche,
& elle n'en consume que les esprits,
qui, séparés par la chaleur du reste du liquide, s'élevent & parviennent jusqu'à la superficie contigue à
l'air. Ce sont là les seuls esprits qui
s'allument & qui s'enflamment da-
bord. Il n'est pas possible d'en allumer plusieurs en même tems, excep-
tés ceux-là, qui étant élevés au-dessus des autres, peuvent s'exhaler dans
l'air : c'est ce que j'ai vu bien clairement ; car si l'on allume lentement
de l'alcohol froid au-dessus de sa superficie, en approchant une allumette, de la maniere que j'ai indiquée,
c'est-à-dire ; de façon qu'une portion
encore allumée soit au-dessus de la
superficie de l'alcohol ; alors il ne
se produit qu'une Flamme douce,
très-foible & fort petite. Mais si

l’Alcohol est échauffé auparavant, il s’exhale de tous les points de sa superficie une grande quantité d’esprits, & alors la Flamme est d’abord plus violente, plus forte & plus grande, parce qu’il y a plus d’esprits dans l’air que la Flamme peut allumer. Ainsi donc l’Alcohol donne toujours plus de Flamme à proportion que toute sa masse est plus échauffée ; & si on l’échauffe jusqu’à le faire bouillir, c’est alors qu’il donne la plus forte Flamme. Si l’on fait ensorte que les esprits qui s’exhalent de cet Alcohol bouillant, soient retenus dans une espace assez étroit, & qu’on y introduise une chandelle allumée, aussi-tôt tout cet espace rempli de vapeur, prend Feu, & on y voit briller une legere lumiere qui dure un instant, & qui descend d’abord sur la surface du vase qui contient l’alcohol ; dès qu’elle y est parvenue, la Flamme couvre tellement cette superficie, d’où un moment auparavant les esprits s’exhaloient librement dans l’air, qu’il ne peut plus alors s’en dissiper aucun ni se répandre aucune exhalaison combuſtible dans l'eſpace dont je viens de parler : tous ces eſprits ſont forcés à n'agir plus que dans la Flamme qui occupe cette ſuperficie, & ils entretiennent cette Flamme juſqu'à ce qu'enfin ils ſoient changés en une matiere qui n'eſt plus Alcohol. Je me ſuis convaincu de la vérité de ce que j'avance ici par des obſervations réïtérées & attentives. Il faut remarquer que cette Flamme ſubſiſte dans le vaiſſeau auſſi long-tems qu'il y a la moindre goute d'Alcohol, & elle ne ceſſe qu'après qu'il eſt tout conſumé en un moment par cette Flamme qui n'agit que ſur la ſuperficie qui eſt contigue à l'air. Plus donc cette ſuperficie eſt étendue, plus vite auſſi ſe fait la conſomtion. Ainſi nous connoiſſons deux moyens d'augmenter la Flamme, & par conſéquent d'accélerer la conſomtion de l'Alcohol ; c'eſt de le faire cuire ſur le Feu, & de lui donner plus de ſuperficie en le répandant dans un vaiſſeau dont le fond ſoit fort large. Au reſte après que l'Alcohol eſt entierement conſumé par la Flamme, il ne dépoſe aucunes

fèces ; il ne laisse même aucune tache s'il est bien pur. On ne voit
non plus aucune fumée sur la superficie de sa Flamme. Si l'on place au-
dessus de cette Flamme un papier
blanc & bien net, il n'est point noirci par de la suye ; il contracte seulement quelque humidité. Cependant
on sent une odeur semblable à celle
d'Alcohol. Lorsque l'Alcohol brûle dans un endroit où l'air est tranquille, sa Flamme a une figure co-
nique, parce que le Feu étant le plus
grand vers le centre, il éleve là avec
plus de force l'air qui est au-dessus ;
au lieu que moins condensé, & par
conséquent plus foible vers les bords
de sa base, il a là moins de force
pour élever l'air. Cette Flamme paroit bleue au premier coup d'œil,
mais quand on l'examine avec soin,
on trouve que sa base est à la vérité
toujours bleue, mais que vers son
sommet elle est de deux couleurs ;
l'intérieur de sa pointe est toujours
jaune, & l'extérieur est de couleur
bleue. Enfin ce qu'il y a de plus singulier dans cette expérience & de
plus digne d'attention, c'est que si

l'on plonge dans l'Alcohol lorfqu'il brûle avec le plus de force, un charbon bien ardent, ce charbon s'éteint auffi-tôt fans pouvoir retenir fon Feu au milieu de l'Alcohol. La raifon de cela eft, qu'un charbon pour être ardent, demande un dégré de Feu beaucoup plus grand que celui qui eft dans l'Alcohol bouillant, & qui eft cependant le plus grand que l'Alcohol puiffe acquérir. Le charbon ardent jetté dans l'Alcohol, perd donc dans cette liqueur qui eft plus froide, ce furplus de chaleur qui lui étoit néceffaire pour le conferver en Feu; par conféquent il s'éteint, ou il eft réduit à une chaleur de 180 dégrés, qui eft à peu près celle qui fait bouillir l'Alcohol; avec un tel dégré de chaleur, on ne pourra jamais allumer aucune matiere combuftible, c'eft-à-dire, faire que l'huile qu'elle renferme produife un Feu qui foit lumineux : & comme ce charbon qui eft entiérement plongé dans l'Alcohol, n'a aucune communication avec l'air extérieur, il ne pourra pas non plus allumer cet Alcohol; il lui communiquera fimplement au

premier moment plus de mouvement,
ce qui lui fera jetter plus haut fes efprits, & qui augmentera la Flamme,
pour ce tems-là, comme je l'ai déja
expliqué. Mais fi ce charbon ardent
eft mis dans l'Alcohol, de façon qu'il
y en ait une partie qui foit au-deffus
de la fuperficie de la liqueur, & contigue à l'air, alors il brulera affez
fortement avec l'Alcohol.

EXPÉRIENCE III.

J'ai travaillé autrefois long tems à
découvrir quelques expériences affez
fenfibles qui me fiffent connoître de
quelle maniere le Feu agit fur ce qui
lui fert d'aliment. Enfin je fuis parvenu à ce que je cherchois, & voici comment. J'allume dans ce même
vaiffeau cylindrique de cuivre, dont
il a été parlé, de l'Alcohol bien purifié & échauffé; je place enfuite ce
vafe fur une table, dans un lieu tranquille, & je le couvre d'un grand
vafe de verre qui eft un des plus
grands récipiens que les Verriers
puiffent faire pour des ufages Chymiques: ce vafe a la forme d'une cu-

curbite ; j'en ai enlevé le fond par
une section orbiculaire , faite avec
tout le soin possible , de façon que
c'est à présent une véritable cloche ;
dans sa partie supérieure , là où ce
vase se rétrécit , il y a une ouverture où l'on peut introduire le petit
doigt ; son ouverture inférieure est
de 10 pouces de diamêtre. Lorsque
cette cloche , qui doit être bien transparente & de verre pur , couvre le
vase où brûle l'Alcohol , on voit clairement tous les phénomènes rap-
portés dans l'expérience précédente.

Elle donne
une vapeur
subtile &
très-limpide

    La premiere chose qu'il faut re-
marquer , c'est que la Flamme renfermée au-dedans de cette cloche , en
rend toute la superficie opaque , aussi long-tems que la cloche reste froide. Mais dès qu'elle commence à
s'échauffer , on voit qu'elle recouvre
sa transparence. Quoique l'on regarde avec toute l'attention possible ,
on n'apperçoit aucune fumée dans
toute la capacité de la cloche , l'air
y conserve toute sa pureté , & comme le vaisseau qui contient l'Alcohol est cylindrique , la Flamme reste
parfaitement uniforme depuis le com-

mencement jusqu'à la fin, autant au moins qu'on en peut juger à la vue simple. Cependant on voit découler en dedans de la cloche, & le long de ses parois inférieures, des goutes formées en filets, à peu près comme celles que donnent les esprits qu'on distille.

Cependant ces goutes ne sont pas des vrais esprits de l'Alcohol, car elles *& même aqueuse.* n'ont que le goût de l'eau. Pour s'en convaincre mieux encore, il n'y a qu'à examiner la vapeur subtile qui s'exhale par l'ouverture supérieure de la cloche; si cette vapeur étoit de l'Alcohol dispersé par la chaleur, elle prendroit d'abord Feu à l'approche de la Flamme, comme cela s'est vu dans l'expérience précédente ; mais bien loin de-là, si l'on expose à cette exhalaison une allumette qui brûle, elle s'éteint tout comme si on l'exposoit à une exhalaison d'eau. Si l'on met cette allumette sous la cloche de verre, & qu'on la retienne dans cette espace qui est rempli tant de sa propre vapeur que de celle de l'Alcohol qui brûle, elle reste allumée jusqu'à ce qu'elle soit entierement confumée; mais elle n'enflamme point cette vapeur qui fort de l'Alcohol, qui s'enflammeroit cependant fi après avoir paffé par la Flamme elle avoit retenu fa premiere nature d'Alcohol. Il paroît par-là que la matiere la plus inflammable qui foit connue, eſt changée lorſqu'elle eſt convertie en Flamme, ou lorſqu'elle ſert véritablement d'aliment au Feu, en une autre matiere, qui après ce changement ne peut plus nourrir le Feu, & n'eſt qu'une eſpéce d'eau, autant au moins que nous en pouvons juger. Cette eau étoit-elle auparavant dans l'Alcohol, ſans qu'on put l'en ſéparer que par ce ſeul moyen? Ou le Feu qui brûle l'Alcohol l'a-t'il réellement converti en eau pure? Ou enfin, eſt-ce que l'air a fourni cette eau pendant que l'Alcohol brûloit? Il n'y a que des expériences qu'il faut encore faire avec toute la prudence poſſible qui puiſſent nous apprendre ce que nous devons penſer à cet égard. Pour cela il faut prendre de l'Alcohol d'où l'on ait ſéparé auparavant toute l'eau qu'il étoit poſſible d'en ſéparer, & cela en le diſtillant dans

un

un vaſe fort haut, où l'on a mis du
ſel alcali fixe de tartre bien ſec : dans
toutes mes expériences je me ſers de
cet Alcohol, parce que je ſçai comment l'eau s'unit étroitement aux eſprits de Vin purs, & quelle peine il
faut pour l'en ſéparer. J'ai vu enſuite
que M. Geofroi le Jeune, qui a tout
le génie, & toute la capacité néceſ-
faire pour réuſſir en ceci, a donné
ſur cette matiere, dans les Mémoires de l'Académie des Sciences de
1718, des Obſervations exactes &
très-ingénieuſes ; & qui quoique faites dans un autre but, confirment
manifeſtement les découvertes que j'a-
vois faites, en ſuivant la méthode
que je viens de décrire. J'étois fort
curieux de ſçavoir en quoi conſiſte le
changement phyſique qui arrive à
une matiere inflammable, lorſqu'expoſée à l'action du Feu, elle produit la Flamme ou le Feu le plus pur ;
& encore, ce qui arrive au Feu même, lorſque cette matiere combuſtible ſe change avec lui en Flamme ?
J'eſperois que ſi une fois je pouvois
parvenir à connoître cela comme il
faut, je me ſerois ouvert une route

II. Partie.   D

qui me conduiroit à une connoissance plus exacte de la nature du Feu.
Pour cela j'ai préparé une matiere
qui brûlée dans un vase cylindrique,
& par là même obligée de passer par
la Flamme qui en couvre exactement la superficie, est employée toute entiere à nourrir la Flamme, & se
convertit elle-même toute en flamme
sans fumée, sans suye & sans laisser
aucunes féces. J'ai vu cette matiere
enflammée dans un air pur, sans lequel il ne peut y avoir de Flamme,
se convertir en Flamme; j'ai vu cette Flamme donner une vapeur très-
liquide qui se résoud en eau, ou du
moins qui produit de l'eau. Voilà
jusqu'où je suis parvenu, je n'ai pas
pu aller plus loin. Si cependant j'a-
vois autant de loisir que d'envie de
pousser mes connoissances à cet é-
gard, je tâcherois de découvrir par
le moyen des cloches de verre, la
quantité d'eau qui se produit ici;
parce que j'ai vu que la plus grande
partie de l'Alcohol sort par l'ouverture d'en haut. Il faudroit suspendre
au-dessus de cette ouverture une autre cloche semblable, afin que cette

vapeur en la rencontrant, se con-
densât, se rassemblât & devint sensible. Sur cette seconde, il en faudroit
suspendre une troisiéme, & continuer
ainsi jusqu'à ce qu'on rassemblât toute la vapeur. On devroit choisir pour
cette exemple un tems très-froid,
afin que la vapeur se coagulât d'a-
bord, & que même elle se gêlât au
haut de la cloche supérieure ; il faudroit aussi choisir un tems & un lieu
sec & tranquille. Je suis persuadé
que l'on parviendroit par-là à la découverte d'une chose qui mériteroit
fort d'être connue des Physiciens,
& qui seroit d'une très-grande utilité
aux Chymistes. Je sçai que M. Geofroi conclut de son expérience, que
l'eau qu'il a tirée par le moyen de la
Flamme, de l'Alcohol pur, mon-
toit à plus de la moitié de la quantité d'Alcohol qu'il a employé ; & il
est sûr que c'est ce qu'il a vu : mais
cet habile Chymiste sait-il de quelle
quantité d'eau l'air peut être chargé
sans que cela paroisse ? Comment cette eau passe, sans qu'on s'en apper-
çoive, de l'air dans les Corps salins,
secs & spiritueux, où elle s'insinue

d'une façon si subtile qu'elle jette par
là les Observateurs dans l'erreur ? Si
par exemple l'on brûle du souffre bien
sec, la Flamme bleue qu'il produit,
pousse des exhalaisons qui remplis-
sent un très-grand espace, & qui
donnent le plus âcre de tous les acides, si l'on peut les rassembler ; dans
un tems sec cet acide est en moindre
quantité, mais aussi est-il beaucoup
plus fort. Lorsque l'air est chargé de
nuages & d'humidités, la liqueur
qu'on peut tirer du souffre qui brûle
sous une campane, est en grande
quantité, mais en même-tems très-
aqueuse. Quand ce souffre est dans
un vase bien net, on en sépare aussi
par le moyen d'un Feu doux, une
grande quantité d'eau insipide, &
de ce qui reste, on en tire une petite
quantité d'un liquide épais & très-
acide. Dès qu'on expose ce liquide
pur dans un large vaisseau à l'action
de l'air, aussi-tôt de l'eau se joint à
cet acide, en augmente le poids &
la masse, le détrempe, l'affoiblit,
l'énerve. Peut-être que la même chose arrive aux esprits pendant qu'ils
brûlent. Tout cela m'a rappellé le

langage des anciens Alchymistes qui donnoient à l'esprit moteur, ou rec-teur, le nom de fils du Soleil, de Créature du Feu, de Feu interne des choses. Cet esprit n'est-il point ce qu'il y a d'entiérement & de purement inflammable dans les Corps, dont il ne fait qu'une très-petite partie, distribuée dans une grande quantité d'eau à laquelle elle est intimément unie, & qui avec le Feu produit la Flamme ? C'est ce principe si subtil qui échappe toujours à nos recherches, & qui est environné de tant de difficultés, que nous travaillons à découvrir. Quant à moi, j'avoue que fatigué de toutes les peines que j'ai prises pour cela, il y a long-tems que je n'ai rien désiré avec plus d'ardeur que de connoître la vraie nature de ce qu'il y a de véritablement inflammable dans l'Alcohol, parce que je savois que j'avois en cette liqueur une matiere parfaitement inflammable : mes expériences m'avoient même appris depuis long-tems que les autres Corps ne font inflammables qu'autant qu'ils ont de cet Alcohol, ou de quelqu'autre matiere qui lui est très-semblable en subtilité ; & que cette matierc subtile en étant séparée, la matiere épaisse qui reste n'est plus inflammable. Je me réjouissois donc dans l'espérance que si une fois je pouvois connoître cela dans l'Alcohol, je comprendrois aisément comment le Feu peut être nourri par les autres Corps combustibles ; mais quel ne fut pas mon étonnement, lorsque je vis que l'Alcohol étoit converti par la Flamme en une vapeur où je ne retrouvois plus ce même Alcohol après qu'il avoit brûlé, & que tout ce qui me restoit, n'étoit que de l'eau pure ! Je reconnois donc qu'il y a ici des bornes au-de-là desquelles il ne m'a pas été permis d'aller. Tout ce que nous savons, c'est que l'aliment qui a été consumé par le Feu, laisse de l'eau, & que quant à lui il devient si subtil, que se dispersant dans le cahos de l'air, il ne tombe plus sous nos sens.

Expérience IV.

Production momentanée d'une Flam- Cette nouvelle expérience confirmera encore plus clairement ce que

je viens de dire fur l'aliment du Feu. *me très-pure;*
Je mets donc dans un rechaud de
terre un charbon ardent, bien net,
& qui ne donne aucune fumée ; le
réchaud doit être auffi net & bien fec.
Je place fur ce réchaud une petite
écuelle de cuivre propre, fa profondeur eft d'un pouce, & fon fond a
cinq pouces de diamètre. Je verfe
dans cette écuelle, à la hauteur d'un
demi pouce, de l'Alcohol de vin
bien purifié ; & d'abord je place deffus la cloche de verre, dont je me
fuis fervi dans l'expérience précédente. On voit bientôt que le Feu
fait bouillir affez fortement l'Alcohol qui eft dans l'écuelle, mais fans
que cet Alcohol s'enflamme, & fans
qu'il répande aucune fumée vifible
dans l'efpace que renferme la cloche
qui eft au-deffus ; & même, quoique
les exhalaifons qui fortent de cet Alcohol bouillant, partent d'une fuperficie fi étendue, cependant on ne voit
fortir aucune vapeur par l'ouverture
qui eft au haut de la cloche ; mais fur
les côtés de cette cloche, & principalement vers le bas ; on apperçoit
au bout de quelque tems des gouttes

D iiij

qui découlent par filets à peu près comme des esprits. Après que l'ébullition a fait évaporer une partie assez considérable de l'Alcohol, je place à l'ouverture supérieure une allumette en Feu qui s'éteint au lieu d'allumer l'Alcohol qui voltige dans l'intérieur de la cloche. Cet Alcohol ainsi dispersé, & qui cependant ne s'allume point, pourroit faire croire que l'expérience précédente n'a pas démontré que cette liqueur perd son inflammabilité en passant par la Flamme; ou qu'il faudra dire qu'il la perd par la seule ébullition sans aucune combustion. Mais avant que de prononcer là-dessus il faut voir la suite de l'expérience que je continue de la maniere suivante. Je prends une autre allumette que je tiens avec des pincettes, pour être plus éloigné du danger dont cette expérience peut être accompagnée; je porte ensuite cette allumette le plus prudemment qu'il m'est possible, & horizontalement le long de la table, jusques sous le bord inférieur de la cloche, de façon que la Flamme entre sous cette cloche: aussi-tôt tout cet espace qui

est rempli de la vapeur de l'Alcohol,
prend Feu en un moment comme une
éclair, & cela avec un grand bruit,
& avec tant d'impétuosité, qu'au premier inflant la Flamme fort avec
force de tout côté, entre la table &
le bord inférieur de la cloche ; la raifon en eft que tout cet efpace qui eft
rempli de l'Alcohol divifé en petites
particules, venant à prendre Feu
tout d'un coup, ne peut pas contenir une fi grande Flamme ; cette derniere doit donc paffer par l'ouverture qu'elle trouve au bas de la cloche,
& fi elle n'y trouvoit pas une iffue affez grande, elle fouleveroit ou elle
feroit fauter la cloche, ce qui ne fe
feroit pas fans péril pour les affiftans.
Ceux donc qui voudront repéter cette expérience, doivent bien prendre
garde de ne pas tenir avec la main
l'allumette, lorfqu'ils l'introduiront
fous la cloche, ils doivent toujours
pour cela fe fervir de pincettes, & fe
tenir le plus loin qu'ils pourront ; autrement la flamme qui fort avec violence pourra facilement leur brûler
les cheveux, le vifage & les mains.
Mais en voilà affez fur la premiere

D v

partie de cette expérience. Paſſons
à la ſeconde.

Au moment que la flamme ſe produit ſous la cloche, on voit que
toute la ſuperficie de l'Alcohol qui
bout dans l'écuelle de cuivre s'enflamme ; & cependant elle ne s'allumoit point auparavant, quoiqu'elle
fût ſur un Feu aſſez violent qui la
faiſoit bouillir fortement : il eſt donc
certain que l'Alcohol ne s'enflamme
pas facilement, ſans être allumé par
une flamme vive ; mais quand une
fois il brûle, ſa flamme ne ceſſe
que quand tout l'Alcohol eſt conſumé, & que l'écuelle eſt entierement
ſéche.

Ce qui m'a paru le plus agréable
dans cette expérience, c'eſt que la
flamme excitée par l'allumette dans
un endroit éloigné de cette écuelle,
ſe répandant dans toute la capacité
de la cloche, va allumer l'Alcohol
qui eſt dans cette même écuelle ; mais
toute flamme ceſſe dans la cloche, au
moment que le Feu a pris à l'Alcohol où il reſte juſqu'à ce que cette
liqueur ſoit entiérement conſumée,
& cependant il ne reparoît plus au-

cune flamme dans la cloche. Cela
prouve donc clairement que l'Alcohol pur , quoiqu'agité par un Feu
violent, pourvu qu'il ne soit pas enflammé , se disperse dans un grand
espace, sans souffrir aucun changement, & sans rien perdre de son inflammabilité, puisqu'il s'allume très-
promptement & très-violemment à
l'approche de la flamme ; mais qu'au
contraire, dès qu'il est contraint de
passer par la flamme qui occupe sa
superficie, & par-là même de nourrir cette flamme, tout ce qui s'en exhale dans la capacité de la cloche a
perdu en un moment son inflammabilité ; de sorte que quoiqu'alors cet
Alcohol soit plus atténué par le Feu,
il ne peut cependant pas être allumé
par la flamme, qu'on introduit sous
la cloche. Ce rare phénomene mérite
certainement qu'on y fasse bien attention. Il ne paroît pas croyable que le
Feu ait poussé en un moment, hors
de tout l'espace renfermé par une si
grande cloche, tout l'Alcohol qu'il a
allumé. Si au contraire , la matiere
qui sort vraisemblablement de la flamme de l'Alcohol , & qui voltige dans

D vj

la capacité de la cloche, reste inflammable comme elle l'étoit auparavant,
elle doit nécessairement être allumée
par cette même flamme. Que dirons-
nous donc là-dessus? Si la seule matiere entietement inflammable, qui
nous soit connue, perd son inflammabilité après avoir été en feu une
fois, ne doit-il pas périr tous les jours
dans l'Univers autant de corps propres à nourir le Feu que la flamme en
consume chaque jour? Et la flamme
ne devroit-elle pas enfin dîsparoître
entiérement, après avoir consumé
tout ce qui pouvoit la soutenir? Où
est-ce que la Nature a continuellement soin de teproduire sur la Terre
du nouvel aliment pour le Feu? Et
quels sont les moyens qu'elle employe
pour cela? Ce sont apparemment
ceux dont elle se sert pour former les
huiles & les Esprits ; c'est-à-dire principalement, la végétation, la fermentation, la putréfaction, la distillation. Mais tous ces moyens, soit
que la Nature ou l'Art les mettent en
œuvre, n'ont jamais leur effet qu'à
l'aide du Feu. Ainsi le Feu, qui détruit la matiere combustible, sera

l'inſtrument qui la reproduit dans l'U-
nivers. Ou bien aimera-t-on mieux
admettre le ſentiment qui a été pro-
poſé ci-devant ; c'eſt que la matiere
qui eſt entierement combuſtible, eſt
compoſée d'une très-grande quantité
d'eau, & d'une autre matiere, qui lui
eſt intimément jointe, mais en très-
petite quantité, & qui eſt ſi ſubtile
qu'elle eſt très-ſemblable au Feu, &
que peut-être même elle eſt du Feu ?
Ainſi par la combuſtion ce Feu ſe ſé-
pareroit de l'eau, & rendu libre, il
deviendroit véritable élément igné.
Alors il ſe trouveroit que ce qu'il y a
de véritablement imflammable, n'eſt
autre choſe que le Feu même, qui en
brûlant, ſe dégage de tout autre corps
qui peut lui être joint, & ſe diſſipe
entierement dans l'air.

EXPÉRIENCE V.

Je plonge une allumette en feu
dans de l'huile de térébenthine diſtillée, froide & bien purifiée, cette allumette s'éteint comme ſi on la plongeoit dans l'eau ; comme nous avons
vu que cela arrivoit avec l'Alcohol.

Si je jette dans cette même huile de
térébenthine un charbon ardent, il
s'éteint auſſi de la même maniere ſans
exciter la moindre flamme. Par conſé-
quant on peut dire de cette huile à peu
près les mêmes choſes que j'ai avan-
cées ci-devant ſur l'Alcohol ; ainſi je
me crois diſpenſé de les répéter ici.

EXPÉRIENCE VI.

L'Huile aug-
mente la
Flamme.

Je fais encore bouillir de l'huile
diſtillée de Térébenthine, bien rectifiée, dans un vaſe cylindrique de cuivre. Pendant qu'elle bout, j'approche une allumette en Feu, de la vapeur qui s'en exhale; cette vapeur s'allume & s'enflamme enfin, mais beaucoup plus lentement que celle de l'Alcohol bouillant. On voit ſortir peu à
peu de cette huile une fumée noire ;
quand cette fumée paroît, l'huile enflammée commence à brûler avec plus
de violence, & cela continue juſqu'à
ce qu'enfin la flamme acquiert un dégré
d'agitation & d'ardeur extraordinaire. Cette huile ne laiſſe aucunes féces,
mais ſe conſume tout-à-fait en brûlant. Plus elle eſt limpide & pure,

moins elle donne de fumée noire, &
plus elle brûle tranquillement. En l'ex-
pofant à des diftillations réiterées, on
voit qu'à chacune elle dépofe toujours
quelques féces, mais qu'en même
tems elle devient toujours plus femblable à l'Alcohol en légèreté, en lim-
pidité, en défécation, & en inflammabilité. Elle approche donc toujours plus de la nature de l'Alcohol,
fans cependant l'atteindre, parce
qu'elle ne peut être mêlée avec l'eau.

EXPÉRIENCE VII.

Je verfe encore de l'huile de térebenthine dans un vaiffeau de cuivre,
que je place fur le Feu, jufqu'à ce
que l'huile bouille, & alors je l'allume ; après quoi je place ce vaiffeau fur
un plateau de terre au deffous d'une
cloche de verre. L'huile brûle là comme dans l'expérience précédente ;
mais elle fait fortir par l'ouverture
fupérieure de la cloche une fumée
noire & épaiffe, qui remplit même
tout l'intérieur de cette cloche, & qui
ternit de fuye fes parois, en même

tems qu'elle leur applique par tout
une vapeur presque aqueuse : de sorte
qu'on pourroit croire qu'il y a aussi
de l'eau produite ici par l'huile en Feu,
ou par l'air qui s'en approche. Il paroît par là que lorsque les huiles, qui
ressemblent le plus à l'Alcohol, sont
poussées & obligées de passer par la
flamme, il s'en détache cependant
par la fumée quelques parties inflammables qui ne sont pas entierement
brûlées, mais qui retiennent la nature
du charbon ; que ces parties repous-
sées par le Feu s'éloignent de la flamme, & qu'ainsi le premier mouvement
qui leur est communiqué venant à
cesser, elles s'attachent, sous la forme de suye, aux parois de la cheminée. C'est ce qui est même démontré
clairement par l'odeur que répandent
les huiles qui brûlent. Il semble que
la raison de cela est que ces parties
sont trop tenaces & trop épaisses pour
pouvoir être réduites si promtement
à la subtilité de l'Alcohol, par la
flamme qui n'agit sur elles que pendant très-peu de tems. Quand on fait
brûler ces huiles autour d'une méche,

environnée de tout côté d'air, comme cela se pratique dans les lampes ordinaires, elles brûlent alors lentement en produisant une petite flamme, mais aussi donnent-elles beaucoup plus de suye; on peut s'en convaincre en tenant un papier blanc au dessus de la flamme; on le voit bientôt noirci par la fumée. Mais quand on allume de l'huile dans un vase cylindrique, toutes ses parties sont alors poussées & agitées dans la flamme qui en occupe toute la superficie, & par là elles sont beaucoup plus atténuées & changées que dans les Lampes, où de chaque point de la superficie de la flamme, les parties huileuses agitées & à demi brulées, peuvent passer librement dans l'air qui est autour. Il semble assez naturel de conclure de tout cela, que si l'Art pouvoit parvenir à rendre les huiles aussi subtiles que l'Alcohol, elles produiroient un Feu & une flamme sans fumée & sans suye.

E X P E' R I E N C E VIII.

Je prend un vase cylindrique de cuivre, & j'ai soin qu'il soit bien net;

j'y mêle une certaine quantité d'eau
très-pure, avec une égale quantité
d'Alcohol bien rectifié ; je secoue ce
mélange, de façon qu'il paroisse être
une liqueur homogène ; & après l'a-
voir échauffé, j'y mets le Feu & je le
place sous la cloche de verre. La Flamme qui paroît alors est sensiblement
plus foible, & n'a pas à beaucoup
près le même éclat que celle de l'Alcohol pur. Cette Flamme n'a point de
situation fixe & vacille assez long-
tems avant que de s'éteindre ; lorsqu'elle a cessé : on trouve dans le
fond du vase l'eau qui contient très-
peu d'Alcohol, comme on peut s'en
convaincre en la goûtant. Cela nous
apprend que le Feu tire l'Alcohol de
l'eau avec laquelle il est mêlé, qu'il le
consume, & que quant à l'eau elle est
repoussée & par l'Alcohol & par le
Feu.

E X P E' R I E N C E. IX.

 Je prend encore de l'Alcohol bien
rectifié où j'ai fait dissoudre du tres-
bon camphre ; je l'allume comme dans
les expériences précédentes, & je le

met sous la cloche. Il arrive alors une chose assez singuliére. Ce mélange brûle dans le commencement, comme si c'étoit de l'Alcohol pur, car il fait voir précisément tous les mêmes phénomènes. Aussi l'Alcohol se consume-t-il prémierement, & le camphre tombe cependant & se rassemble au fond du vase, seul & sans être brûlé. Lorsque l'Alcohol est consumé, il s'éleve une autre Flamme toute différente de ce qu'elle étoit d'abord; elle est plus forte, plus blanche, plus lumineuse, plus pétillante; il en sort une fumée noire, & elle répand une odeur & un goût de camphre, non seulement sous la cloche, mais aussi dans toute la chambre. Cette Flamme dure jusqu'à la consommation entiere de toute la matiere, & ne laisse aucunes féces au fond du vase. Nous apprenons de là que deux matieres combustibles mêlées de façon qu'elles ne fassent qu'un seul tout, ne brûlent pas en même tems; mais que la partie la plus subtile est consumée la premiere par le Feu, & que la partie la plus crasse reste comme à l'abri sous cette Flamme, & ne commence à brû-

ler que quand la premiere est entiérement consumée. Est-ce donc qu'entre
les matiéres combustibles, celle qui
est la plus légere, s'enflamme la premiére & le plus facilement de toutes ?
La chose paroit être universellement
vraie. Est-ce que la Flamme de l'Alcohol est trop foible pour pouvoir allumer l'huile ? Cela est encore très-
vraisemblable ; aussi voit-on que dès
que l'huile ou le camphre dissout vient
à brûler, la Flamme est d'abord plus
violente. Le Feu sépare-t-il donc par
la combustion, aussi bien que par la
distillation, les diverses matiéres inflammables qui se trouvent dans le
même Corps combustible, & cela suivant leurs différens dégrés de subtilité
ou de spissitude ; en dégageant, par
exemple, les esprits les premiers, ensuite l'huile subtile, après cela une
huile un peu plus épaisse, & enfin
l'huile crasse, & qui tient de la nature
de la poix ? Cette séparation a manifestement lieu dans cette expérience.
Ne seroit-ce point là la raison pour
laquelle le charbon fait par le Feu, &
qui est composé de cette derniere
huile crasse & étendue sur de la terre

& du fel, produit un Feu beaucoup plus fort que celui que pourroit faire le bois avec lequel il a été préparé? Au moins voit-on toujours que l'huile fait un Feu plus violent, à proportion qu'elle eſt plus peſante & plus épaiſſe. Cette expérience le démontre clairement par rapport à l'Alcohol & au camphre ; & j'en rapporterai pluſieurs autres dans la ſuite, qui confirment la même choſe : & ne voit-on pas tous les jours que le Feu d'une cheminée eſt toujours plus chaud, lorſqu'il eſt parvenu à la derniere choſe qui reſte de combuſtible dans ce que l'on brûle ? Il ne faut donc pas regarder l'action du Feu ſur les Corps qu'il enflamme comme une action qui mêle, qui confonde, qui brûle en un moment tous les élémens inflammables ; elle ne produit cet effet que par ordre & ſucceſſivement.

E X P E R I E N C E X.

Examinons à préſent l'Alcohol de vin, ſi bien mêlé avec de l'eſſence diſtillée de térébenthine, que le tout paroiſſe une liqueur homogène.

Examen de l'Huile & de l'Alcohol.

J'allume ce mélange dans le vaisseau
cylindrique, dont j'ai parlé ci-devant,
& le met sous la cloche ; on a alors
uu spectacle agréable ; on voit d'a-
bord une forte Flamme, très-lumi-
neuse, parfaitement uniforme, & par-
tagée en deux ; à en juger à l'œil elle
ne produit aucune fumée ni ne dépose aucune suye ; cependant elle noir-
cit tout-à-fait un papier blanc placé
au-dessus de l'ouverture de la cloche.
Cela nous apprend que dans cette liqueur si pure & si simple, il se produit par le mélange une matiére qui
se dégage en passant par la Flamme
avant que d'en être entiérement consumée ; nous ne remarquons pourtant
aucune mauvaise odeur dans les vapeurs qui sortent de cette Flamme,
& elle brûle si tranquillement qu'elle
ne fait entendre aucun bruit ni aucun
pétillement. Mais après que l'Alcohol qui étoit dans ce mélange est entiérement consumé, l'on a un autre
spectacle ; alors l'huile de térébenthine, qui est restée au fond commence
à brûler, la Flamme sautille, étincelle, pétille, donne une abondante
fumée & une suye très - noire ; enfin

elle s'éteint en laissant au fond une féce résineuse, qui ne peut plus être brûlée par cette Flamme.

EXPÉRIENCE XI.

Je mêle de l'Alcohol bien rectifié, avec une égale quantité d'esprit de sel ammoniac alcali, & par-là j'ai ce coagulum merveilleux, connu autrefois de Raimond Lulle, & si fort vanté par Van-Helmont. J'y mets le Feu. Que pense-t'on qu'il en arrivera? Le succès de plusieurs expériences précédentes, different de celui auquel on s'attendoit, doit nous avoir appris à ne pas prononcer trop promptement sur cette matière. On dira donc que sans doute l'Alcohol s'allume d'abord, que quand il est consumé la flamme s'éteint, & que l'esprit alcali de sel ammoniac reste presque entier au fond du vase. Effectivement, c'est là ce qui arrive. Ce coagulum après avoir été échauffé, allumé & mis sous la cloche, produit premiérement une flamme très-foible, uniforme, & à peine visible, sans fumée & sans suye, mais de façon pour-

tant que le bas de la cloche est terni
assez sensiblement par la vapeur qui
s'exhale. On remarque ensuite que la
flamme devient plus forte, plus lumineuse, plus étincelante, & qu'un peu
avant que de s'éteindre, elle produit
une espèce de siflement, & devient
inégale & vacillante. Elle répand
alors une odeur d'un sel volatil alcali
& spiritueux; la vapeur condensée en
liqueur sur les bords de la cloche est
presque insipide; au fond du vase
reste un esprit d'urine, très-âcre, très-
volatil, odorant & fort. Cela nous
conduit à une remarque assez singu-
lière : le sel qui est dans l'esprit alcali
de sel ammoniac est beaucoup plus
volatil que l'Alcohol même; on peut
s'en convaincre par une sublimation
douce de ce coagulum de Van-
Helmont. On voit que dans cette opération le sel devenu sec monte toujours le premier; & cependant, pendant la combustion, l'Alcohol, attiré du mélange dans la flamme, est la
première chose qui brûle; & quoique
ce mélange soit échauffé, & fortement agité dans sa partie supérieure
par la flamme, ce sel très-volatil, est
poussé

pouffé avec fon eau au fond du vafe,
où il eft retenu par la flamme qui eft
au-deffus, & fans pouvoir fe dégager
en paffant au travers. Il faut bien faire
attention à ceci, pour fe convaincre
que jufques à préfent on n'a pas affez
exactement obfervé la nature de la
flamme & de la matière combuftible.
Comme le camphre eft regardé par
plufieurs grands Chymiftes pour un
fel volatil, huileux, folide, & compofé, comme le coagulum de Van-
Helmont, de ces deux principes fa-
lins & huileux, il eft à propos de l'e-
xaminer auffi en le faifant brûler fous
la cloche. On l'allume aifément. Sa
flamme eft des plus fingulières; elle eft
blanche, uniforme, longue, & elle
fe termine en un cone fumeux, mince
& fort long. Elle remplit toute la capacité de la cloche d'une grande
quantité de fumée denfe & noire; il
s'en élance vifiblement de tout côté
des particules fuligineufes, noires &
fi pefantes qu'elles tombent au fond.
Ces particules confervent l'odeur &
le goût du camphre, quoiqu'elles
foient noires. Après la combuftion
faite, il ne refte prefque aucune féce

II *Partie.*   E

dans le vase. Que faut-il donc penser
de ce corps singulier ? Peut-on s'empêcher de le regarder comme une résine parfaite & très simple, ou comme une huile sous une forme solide?

EXPE'RIENCE XII.

Examen de l'Alcohol & de la Terre. Je prend de la terre bien pure,
faite de craye d'Angleterre réduite
en poudre: j'y mêle aussi intimément
qu'il m'est possible de l'Alcohol de
vin que je fais brûler sous la cloche,
comme dans les expériences précédentes. L'Alcohol se consume tout-
à-fait comme dans la troisiéme expérience. Mais après que la Flamme est
éteinte, la terre reste au fond du vase
entiere, pure, sans aucun changement & parfaitement sèche.

EXPÉRIENCE XIII.

Examen d'un mélange fait d'Alcohol, d'Huile, de Camphre, de Coagulum, de Van-Helmont, & Terre. Voici une expérience très-agréa-
ble. Je mêle bien exactement ensem-
ble de l'Alcohol, du camphre, de
l'huile de térébenthine; j'ajoute à ces
trois choses du coagulum de Van-
Helmont, qui peut se mêler facile-

ment avec elles ; je paitris enfuite le
tout avec de la terre fine faite de craie
d'Angleterre pour en former une maffe mélangée avec tout le foin poffible ;
enfin j'y ajoute encore de la fciure
de bois. Je l'allume en fuivant la même méthode que ci-devant. Alors on
voit que l'Alcohol brûle premierement, prefque comme s'il étoit feul.
Après qu'il eft confumé, l'huile de
térébenthine s'allume, & fe fait remarquer par fes phénomènes ordinaires, & qui ont été décrits ci-deffus.
Enfuite vient le tour du camphre,
qu'on reconnîot aux marques qui caractérifent fa Flamme. Mais l'efprit
alcali du fel ammoniac, la fciure de
bois, & la terre refte au fond du vafe.
Cependant il faut remarquer que la
Flamme que donne ce mélange eft
forte, inégale, rouge, bruiante, pétillante : au commencement il en fort
peu de Fumée ; mais enfuite la Fumée
s'augmente infenfiblement, jufqu'à ce
qu'elle devienne très-noire & très-
épaiffe ; fur la fin il fe produit une
fuye fort noire & fort denfe ; on en
voit même des floccons qui voltigent
dans la cloche. La Flamme ne tou-

che pas la fciure de bois. Tout cela bien examiné, je crois qu'on en peut déduire la maniere dont la Nature s'y prend, pour confumer par le moyen du Feu une matiere combuftible ; maniere qui différe beaucoup de l'idée qu'on s'en forme communément. Nous apprenons en même tems ici, qu'il n'y a peut-être rien dans toute la Phyfique de plus difficile à connoître que cette partie corporelle, qui eft proprement & uniquement combuftible dans une matiere, qui fert d'Aliment au Feu. Il eft aifé de nommer l'Alcohol, les fouffres, & les nitres qu'on ajoute ordinairement ici, mais fort mal à propos ; rien n'eft plus facile que de dire que ces chofes-là conftituent la matiere inflammable. Mais la difficulté confifte à déterminer ce qu'il y a dans ces chofes de purement inflammable, & je ne vois pas que jufques à prefent on ait rien dit de fatiffaifant là-deffus ; beaucoup moins a-t-on déterminé quel eft le changement que le Feu fait fur cette matiére lorfqu'il la brûle. Mais paffons à autre chofe.

S C H O L I E I.

Il suit premiérement de ce qui a été dit, qu'on a trouvé dans la Nature, & cela parmi les végétaux, une liqueur produite par la fermentation & par la distillation, qui est la plus simple de toutes celles qui sont connues jusqu'à present, aussi bien que la plus limpide, la plus légere, la plus mobile, la plus immuable, & qui peut se mêler parfaitement avec l'eau & avec les huiles : que cette liqueur échauffée par le Feu s'allume à l'approche de la Flamme, qu'elle brûle toute, qu'elle nourrit & qu'elle soutient la Flamme dans toute sa superficie qui est contiguë à l'air, & cela jusqu'à ce qu'elle soit consumée de façon qu'il n'en reste pas une seule goutte, & qu'ainsi la Flamme s'éteint sans laisser aucun vestige. On a donc trouvé une matiere qui mérite véritablement d'être appellée l'aliment du Feu, puisque consumée par une Flamme vive & pure, elle se convertit absolumént en un Feu très-pur, autant au moins que nos sens peuvent en juger.

L'Alcohol est le seul Corps entiérement inflammable.

E iij

Car examinons bien la chofe ; que devient tout cet Alcohol ? Rien qu'une Flamme très-pure ; & cette Flamme qu'il a produite & qu'il a foutenue, n'a-t-elle pas toutes les marques phyfiques , qui caractérifent , comme nous l'avons vu, le véritable Feu ? Il n'y en a aucune de toutes celles que nous avons rapportées dans cette Hiftoire du Feu, qui ne fe trouve dans cette Flamme de l'Alcohol.

Il foutient par lui feul la Flamme qu'il produit,

Une feconde chofe qui fuit de ce que nous avons dit, c'eft que le Feu, qui eft une fois raffemblé autour de l'Alcohol, y refte toujours Feu, auffi long-tems qu'il y a de l'Alcohol, & cela fans qu'on lui ajoute de l'autre Feu par quelque moyen que ce foit. Dès qu'il eft allumé il demeure donc le même, & il n'a befoin d'aucun autre Corps, ni d'aucun autre aliment, pour continuer à fubfifter dans l'air ouvert.

mais qui périt dès qu'il eft confumé.

En troifiéme lieu, nous apprenons par ce qui a été dit, que dès que l'Alcohol eft confumé, il ne refte plus de Flamme ni de Feu, pas même pendant un feul inftant ; chofe certainement très-remarquable. Cet aliment

eſt donc la véritable cauſe à laquelle
il faut au moins attribuer la préſence
de tout ce Feu, puiſque la durée de
ce Feu eſt égale à celle de cet aliment,
& qu'il ne ceſſe pas auſſi long-tems
qu'il reſte quelque choſe de celui-ci.

En quatriéme lieu, il faut remar- *Il ne donne*
quer une propriété ſinguliere dans cet *aucune Fu-*
aliment du Feu, & dans la Flamme *mée.*
qu'il produit ; c'eſt que, dès qu'il eſt
allumé juſqu'au moment qu'il s'éteint,
il ne donne aucune Fumée ; tandis
qu'il n'y a aucune autre matière combuſtible qui n'en donne quelque peu
au commencement ou à la fin.

Il eſt vrai qu'il s'exhale une vapeur, *Mais il en*
plus limpide que l'Eau, ne produit *ſort de l'eau.*
qu'une exhalaiſon fort tranſparente ;
& condenſée elle ne donne que de
l'eau pure, où l'on ne découvre ni
couleur, ni ſpiſſitude, ni graiſſe. Nous
avons d'autant plus de raiſon d'être
ſurpris de cela, qu'on n'a trouvé juſqu'à préſent aucun autre corps, ſolide ou liquide, qui nourriſſe le Feu
ſans aucune Fumée.

Nous apprenons en cinquiéme lieu, *Il ne pro-*
par les expériences précédentes, qu'il *duit ni cen-*
n'y a dans l'Alcohol aucune matiere *dres,*

fixe incombuſtible : car s'il eſt parfaitement rectifié, tel qu'il doit l'être
pour ces Expériences, il ne laiſſe pas
même une tache après qu'il a brûlé,
il ſe convertit tout entier en Flamme,
ſans dépoſer aucunes féces. C'eſt encore là une propriété qui lui eſt particuliére : tous les autres corps, quoiqu'il y en ait quelques-uns qui donnent très-peu de cendres, laiſſent cependant toujours, après qu'ils ſont
brûlés, quelque choſe qui ne peut
plus être conſumé par le Feu. Le
naphte, le pétrole, le camphre brûlent avec vivacité & donnent une
Flamme très-claire, mais cependant
ils dépoſent toujours au fond du vá-
ſe, où ils ont brûlé, quelque choſe
qui n'eſt pas ſi combuſtible. L'Alcohol eſt le ſeul qui ne dépoſe rien.

En ſixieme lieu, l'Alcohol en brûlant n'exhale aucune mauvaiſe odeur,
différente de l'odeur qu'il répand lorſqu'il n'eſt pas en Feu. C'eſt encore-là
une propriété qu'il a ſeul ; car tous
les autres corps, lorſqu'ils brûlent,
répandent une odeur de ſuye ou de
brûlé. Cela pourroit faire croire que
toutes les parties de l'Alcohol, en-

tiérement homogénes avant la combuſtion, reſtent telles pendant & après
cette combuſtion; mais l'eau qui ſort
de la Flamme de l'Alcohol détruit
cela, & nous apprend que cette liqueur renferme quelque choſe d'incombuſtible.

Remarquons en ſeptiéme lieu, que
dans ce Corps, qui a ſeul dans le Feu
les propriétés indiquées ci-devant,
les yeux les plus pénétrans, lors même qu'ils ſont armés des meilleurs
microſcopes, ne découvrent aucune
particule ſolide. Par conſéquent il
n'eſt nullement eſſentiel à un Corps
d'être ſolide pour pouvoir ſervir d'a-
liment au Feu, qui peut-être nourri
par la matiere la plus liquide que les
hommes connoiſſent.

Nous ſavons en huitiéme lieu, que
l'Alcohol eſt tel qu'il attire à ſoi l'eau
pure & élémentaire, qu'il l'abſorbe,
qu'il s'unit avec elle; mais que la
Flamme l'en ſépare, en n'attirant à
elle que les eſprits purs de l'Alcohol,
en les ſaiſiſſant lorſqu'ils ſont parve-
nus à la ſuperficie du mélange, en
les conſumant & les convertiſſant en
Flamme, pendant qu'elle rejette l'eau

E v

qui se réunit & qui tombe au fond du vase.

On ne le produit qu'avec des végétaux.

Une neuviéme remarque qu'il faut faire ici, c'est que tout végétal connu, si seulement il est susceptible de fermentation, & s'il peut être distillé ensuite lentement, donne de l'Alcohol, qui est toujours précisément le même à tous égards. Mais si l'on sort du regne végétal, ou qu'on n'employe pas la fermentation, on ne trouve rien dans toute la Nature d'où l'on puisse tirer, par des opérations connues, quelque chose de semblable à l'Alcohol, & qui en ait les propriétés que nous avons décrites.

Il est cependant un corps composé.

Nous observons ici, en dixiéme lieu, qu'il y a cependant encore dans l'Alcohol, quelque rectifié qu'il soit, une diversité de parties, que la seule force du Feu est en état de manifester: une de ces parties est de l'eau, qui éteindroit le Feu si elle étoit seule, l'autre partie qui est inflammable, est consumée & réduite par le Feu en des particules si petites qu'elles sont invisibles. Van-Helmont même dit, que par le moyen du sel de tartre, il pouvoit convertir très-promptement les esprits de vin les mieux purifiés, la moitié en une eau très-pure, & que l'autre moitié restoit arrêtée dans l'Alcali. Mais j'ai toujours douté s'il ne falloit pas appliquer ce qu'il dit à l'esprit de vin rectifié, à l'égard duquel cela est très-vrai, & non au véritable Alcohol fait comme il faut; je ne crois pas que personne ait jamais démontré sur cette derniere liqueur ce qu'avance cet Auteur. Si cependant il est vrai, comme il y a toute apparence, que l'Alcohol soit composé de ces deux parties, il se trouvera semblable au soufre: l'un & l'autre sont consumés entiérement par le Feu, tous deux donnent une Flamme bleuë, & sont composés d'une partie qui nourrit la Flamme, & d'une autre qui l'éteint; cette derniere est dans l'Alcohol une eau qui n'a aucune force, & dans le souffre c'est un sel de vitriol très-acide, détrempé dans une petite quantité d'eau, & dont par conséquent la vapeur cause une suffocation totale dans les poumons.

Nous voyons, enfin, que le Feu change & agite les végetaux solides

Le Feu produit sur les autres corps

E vj

& composés de la même maniere
qu'il change & agite l'Alcohol. Il
n'en consume que la partie inflammable, & il dissipe & convertit les autres ou en une matiére, qui étant rassemblée devient visible de nouveau,
& quelquefois même encore combustible, ou en une matiére fixe,
qu'on appelle cendres ou féces.

SCHOLIE 2.

Premierement, l'Alcohol a quelque ressemblance avec le Feu. Cela
est sensible dans plusieurs effets. Il
coagule le sang, la sérosité du sang,
la bile ; il brûle en quelque maniére
les chairs, les nerfs, les entrailles, les
blancs d'œufs, & le pain. Est-il donc
un aiman du Feu ? Ce qu'il y a de certain c'est qu'il attire à soi la lumiére
qui est proche de lui. Quand il est exposé à l'action du Feu, résulte-t-il de
là une effervescence, qui est la cause
de la Flamme ?

Secondement, tous les autres corps
liquides inflammables, quelques subtils qu'ils soient, lorsqu'on les allume avec les précautions indiquées

ci-devant, donnent toujours une fumée visible & noire, de la suye, quelques féces, en un mot quelque matiére qui n'est pas entiérement combustible. Cette matiére non combustible n'est autre chose dans les huiles bien purifiées, que de la terre, à laquelle il reste toujours quelque peu d'huile attachée, ce qui fait que participant de la nature du Charbon, elle conserve encore quelque chose d'inflammable. Quand on purifie ces huiles avec tout le soin possible, par une distillation souvent réïterée, elles déposent toujours de cette terre à chaque opération, elles deviennent toujours plus subtiles, elles brûlent toujours mieux; elles donnent moins de fumée, de suye & de cendres, & elles approchent plus de la nature de l'Alcohol; mais on aura beau réïterer les distillations, on ne les rendra jamais assez subtiles pour pouvoir être mêlées avec l'eau.

En troisiéme lieu, ce corps, que nous sçavons être entiérement inflammable; dans le tems qu'il nourrit la flamme ne donne absolument aucune fumée, ni aucune suye; il ne laisse

De quelle maniere le Feu agiroit-il sur l'Alcohol, si celui-ci ne contenoit point d'eau?

point de Féces ; mais autant que nous
en pouvons juger par les sens, il se
convertit tout entier en Feu, ou il
donne seulement quelque peu d'eau
pure. Si donc l'Art pouvoit parvenir
à séparer de l'Alcohol, cette partie
qui brûle, & qui jusqu'à présent nous
est inconnue, de l'eau qui se manifeste par la combustion ; & si cette premiére partie étoit exposée seule à l'action du Feu, ou de la flamme, qu'ar-
riveroit-il ? Brûleroit-elle successivement, comme cela lui arrive lorsqu'elle est mêlée avec l'eau ? Ou se-
roit-elle consumée, comme la foudre,
en un moment ? Si l'on vouloit pousser les spéculations là-dessus, on pourroit dire bien des choses ; mais il faut
être attentif à ne pas prononcer trop
vîte, lorsqu'on fait profession de ne
rien avancer qui ne soit fondé sur de
solides expériences.

Ce qui est pur aliment du Feu dispa- roît entiére- meut dans le Feu. Après ce qui a été démontré je me
crois autorisé à assurer, en quatrième
lieu, que tout ce qui n'est pas combustible dans une matière végétable,
inflammable d'ailleurs, soit dans l'Alcohol, soit dans toute espèce d'huile,
est ou de l'eau, qui lui est intimement

adhérente, ou quelque sel, ou enfin
de la terre. Si l'on pouvoit séparer
ces choses de l'huile, ou de l'alcohol,
ce qui resteroit seroit pur, simple,
parfaitement combustible, & donne-
roit une flamme très-pure, sans féces,
sans fumée, & sans suye. Cela paroît
si vrai, que cette vapeur limpide &
subtile, qui s'attache aux parois de
la cloche, lorsqu'on brûle au-dessous
de l'alcohol, n'est formée que de la
partie aqueuse qui n'est pas combustible. Ainsi toute cendre, fumée,
suye, qui se trouve mêlée dans un
corps véritablement inflammable,
provient uniquement de l'eau, du
sel, de la terre, & non d'aucune autre chose qui nous soit connue.

Nous savons aussi, en cinquième
lieu, que des matières végétables,
qui brûlent, donnent toujours d'autant plus de fumée, de suye, de vapeurs visibles, qu'elles contiennent
plus d'eau, de sel, de terre, à proportion de leur huile ou de leur alcohol. Les expériences précédentes ne
nous laissent aucun lieu de douter que
cela ne soit très-universellement vrai.
La raison en est, que quand les corps

*D'où vien-
nent la fumée
& les cen-
dres?*

brûlent, il en fort quantité de parties, qui, quoiqu'entraînées & agitées rapidement dans la flamme, ne peuvent cependant pas être converties en cette matière fubtile que le Feu fait difparoître; mais ou elles font pouffées en haut hors de la flamme, ou elles tombent en bas. Comparez feulement ce qui arrive au bois verd, mis fur le Feu, avec ce qui arrive à ce même bois, lorfqu'il eft fec, mais de façon pourtant qu'il ait confervé fon huile, & vous aurez une preuve de la vérité de ce que j'avance ici.

Quels font les corps les moins combuftibles ?

Nous comprenons, en fixiéme lieu, qu'il peut arriver que dans un végétal combuftible, la partie incombuftible, qui confifte dans l'eau, le fel, la terre, domine tellement, que l'autre partie inflammable, je veux dire l'alcohol ou l'huile pure, ne puiffe plus être allumée par le Feu, & ne donne que de la fumée. Si l'on mêle une partie d'alcohol avec cent parties d'eau, on ne pourra pas allumer ce mélange, quoiqu'on lui donne un dégré de chaleur plus grand que celui de l'alcohol bouillant ; au contraire, il éteint le Feu fur lequel on le jette. Du bois bien huileux, mais verd & plein d’eau, donne de tout côté beaucoup de fumée, mais point de flamme. L’argile graffe dont fe fervent les Potiers contient certainement de l’huile, qu’on peut allumer lorfqu’on l’a à part ; mais cette petite quantité d’huile, ne fauroit brûler dans l’argile même, parce qu’elle y eft mêlée avec trop de terre. Si l’on examine la chofe avec attention, on trouvera que ce que je dis ici eft applicable à tous les corps.

En feptième lieu, il faut cependant remarquer ici une chofe fort fingulière, que je crois prouvée par les expériences précédentes ; c’eft que fi l’action du Feu, fur un végétal compofé en partie de matiére combuftible, & en partie de matiére non combuftible, eft affez forte pour allumer la matiére combuftible, & pour divifer & agiter en même tems celle qui eft incombuftible, alors la flamme qui réfultera de ces deux parties agitées enfemble, fera beaucoup plus forte, que ne l’auroit été celle qu’auroit donné la matiére combuftible, rassemblée & brûlée à part. Car nous observons toujours, toutes choses d'ailleurs égales, que les flammes sont plus foibles, à proportion que la matiére qui les produit est plus pure. La flamme qui résulte de ce mélange de parties, est aussi beaucoup moins uniforme, que celle que donne une seule matiére entiérement inflammable; elle est plus bruiante, quelquefois même elle est très-incommode par ses pétillemens; elle produit aussi plus de fumée & plus de fèces; & plus il y a de matiére incombustible dans le corps qu'on veut brûler, plus aussi tous les effets qu'il produira seront violents, si seulement on peut l'allumer.

Et de la pesanteur de l'aliment. En huitiéme lieu, il est encore universellement vrai, que plus la partie incombustible, qui est unie à l'huile, est dense, compacte, ou pesante, plus cette huile donne un feu, & une flamme violente. La chose est sensible dans les différentes parties d'un même végétal; car qui est-ce par exemple qui voulant faire un bon feu, ne préfere le bois d'un Arbre à ses fleurs & à ses feuilles ? Si nous com-

parons les différens bois, nous trouvons toujours aussi que ceux qui sont
les plus pesants, produisent le Feu le
plus fort, & que ceux qui sont les
plus poreux, donnent le feu le plus
foible. Qu'on compare le cedre au
saule, le bois de fer au peuplier, on
verra que la force du feu qu'ils produisent est proportionnelle à leur pé-
santeur.

Il faut cependant, en neuviéme
lieu, avoir égard ici à ce que j'ai dit
ci-devant; c'est qu'aucun végétal ne
brûle, s'il n'est échauffé auparavant
par le feu, au point que son huile
bouille. Or les corps légers sont plutôt échauffés par le même dégré de
feu, que les corps pésants; ainsi ces
derniers s'allument plus lentement,
& les autres plus vîte; c'est pour cela qu'on ne s'avise pas de faire des al-
lumettes de bois dur, mais de quelque roseau poreux. D'un autre côté
aussi, plus un bois s'allume vîte, plus
sa flamme est foible, & plus il s'allume lentement, plus son feu est bon,
fort, durable. Ainsi plus le bois qu'on
veut brûler est pesant, plus il faut auparavant de feu pour l'échauffer;

autrement il ne s'allumera pas.

l' Aliment du Feu brule successive- ment & avec ordre.

En dixiéme lieu, il suit de ce qui a été dit, que quand un végétal brûle, ce qu'il renferme de combuftible, n'eft pas confumé en un moment par l'action du feu, mais fucceffivement. Et même dans cette combuftion fucceffive il fe fait une continuelle confomtion & féparation de la matiére combuftible ; & cela de façon que ce qui eft purement combuftible, & par là même le plus léger brûle, fe fépare, fe change le premier ; car c'eft ce qui s'échauffe le plus prompte- ment, & qui fe meut & fe dégage le plus facilement. Cela confumé, alors la matiére qui eft moins combuftible s'agite, s'échauffe, s'enflamme, fe fé- pare. Et enfin après celle-ci, la par- tie la moins infiammable de toutes s'allume la derniere. Or plufieurs ex- périences nous font voir que cette derniere partie confifte dans un peu d'huile, très-adhérente à une grande quantité de terre fixe : ce qui nous apprend pourquoi on ne peut pas fé- parer cette huile de la terre qui la re- tient, dans des vaiffeaux fermés, & fans une libre communication avec l'air extérieur. Nous voyons aussi pourquoi cette derniere matiére combustible, ne donne jamais un feu violent: c'est qu'à mesure que le corps brûle, une plus petite quantité d'huile se trouve adhérente à une plus grande quantité de terre: ce qui fait que cette matiére peut bien être pénétrée par le feu, & même luire, mais qu'elle s'enflamme rarement.

En onziéme lieu, le feu soutenu par une matiére combustible, mais composée, est à son plus haut dégré de violence, à peu près lorsqu'il est parvenu à la moitié de sa durée; parce qu'alors tous les Elémens sont en flamme en même-tems: aussi voyons nous que sur la fin on a besoin de soufflets, pour lui conserver son activité; autrement les parties terrestres, salines & fixes des cendres, répandues de tout côté, étouffent continuellement le feu, qui n'est plus nourri que par une petite quantité d'huile.

Il y a un tems déterminé, dans lequel le Feu est le plus violent.

Il suit de-là, en douziéme lieu, que la flamme la plus pure, produite par une matiére entierement combustible, sans aucun mélange d'autres

Le Feu, que l'alcohol produit est toujours foible.

particules ne peut jamais donner un feu violent, & que celui qu'elle nourrit est toujours parfaitement uniforme : aussi les expériences précédentes nous ont-elles fait voir, que l'alcohol, l'aliment le plus pur du feu, donne un feu très-foible.

Effet de la matiére incombustible sur le Feu.

En treiziéme lieu, nous concluons, contre l'opinion communément reçue, que la force de la flamme, dépend autant, & peut-être même plus, de ces élémens incombustibles qui sont dans la matiéte qu'on brûle, que des élémens véritablement combustibles qui s'y trouvent. Ainsi la rotation des corpuscules immuables qui sont mêlés avec les autres, rassemble plus de feu dans l'espace qu'occupe la flamme, qui brûle quelque matiére combustible, que n'en rassemblent ces parties subtiles, volatiles, huileuses, qui sont aussi agitées dans cette même flamme.

Il y a dans la Flamme deux matiéres différentes.

En quatorziéme lieu, cela nous porte à croire qu'il y a dans le feu matériel une double cause qui le soutient : premièrement ce feu même, & le véritable aliment qui lui est propre, savoir l'alcohol seul & pur : se-

condement, les autres parties, qui
feules ne pourroient pas nourrir ce
feu, mais qui agitées dans la flamme,
& s'elançant de tout côté, rendent
fouvent le feu beaucoup plus violent
qu'il n'auroit jamais pû l'être par la
feule premiere caufe. Pour comprendre ma penfée, qu'on fe rappelle
qu'une demi-once de poudre à canon,
allumée en plein air, donne une flamme, qui faute de tout côté, & qui
ceffe dans un inftant ; mais fi l'on allume cette même quantité de poudre
dans un canon de fufil, chargé de
quelques balles de plomb, elle chaffe
par fon mouvement ces balles hors
du fufil, & cela avec une impétuofité
& une force incroyable, & telle qu'on
ne remarque prefque rien de femblable dans les élémens de cette poudre,
lorfque s'allumant en plein air, elle
fe réfoud en particules très-fubtiles.
C'eft ainfi que ces corpufcules durs
& incombuftibles agités & élancés au
milieu d'une flamme rapide, communiquent à celle-ci une très-grande
force.

En quinziéme lieu, la plus grande
force de ce feu matériel peut donc

encore être augmentée par de l'eau, du sel & de la terre, mêlés intimement ensemble, & avec la matière combustible, si seulement ce feu a assez de force pour leur imprimer un mouvement rapide.

Cause qui joint le Feu avec son aliment.

En seizième lieu, remarquons qu'il doit y avoir une cause qui conserve la flamme, ou qui fasse durer le feu une fois allumé. Il faut que cette cause tienne le feu étroitement appliqué à ce qui lui sert d'aliment, & qu'elle empêche qu'il n'arrive aucune séparation entr'eux, séparation qui assurement se feroit en un moment, tant est grande la force du feu. Cette cause est aussi nécessaire, pour que les parties dures & incombustibles, agitées par les autres, soient tellement retenues dans l'espace occupé par le feu, qu'elles ne puissent pas s'en échaper aisément, mais qu'elles y restent assez pour y être mues & agitées de tout côté : sans cela toutes ces parties sortiroient à chaque moment hors du feu qui les agite, & qui par-là se trouveroit privé du secours qu'il en tire pour se conserver dans son activité. Ainsi tout le feu ne dureroit qu'un moment

moment, ſans cette force réuniſſan-
te, applicante & comprimante. Mais
cependant cette cauſe ne doit pas tellement comprimer ces parties, qu'elle
en faſſe une maſſe immobile ; par-là
le feu ſeroit d'abord ſuffoqué. Il faut,
ce ſemble, que cette compreſſion
ſoit telle, que les parties groſſieres,
agitées dans le feu tant les combuſtibles que les incombuſtibles, puiſſent
s'échaper ſucceſſivement, à proportion qu'il en ſurvient de nouvelles
qui commencent à être agitées. Or la
cauſe la plus propre à cela eſt celle
qui peut produire cet effet par une
compreſſion & un relaxation réciproque & oſcillatoire, & qui cependant reſte toujours très-fluide, ſans
être jamais réduite à l'état de ſolidité.
L'Atmoſphère qui nous environne &
nous preſſe de tout côté eſt préciſément telle. Il eſt donc néceſſaire de
bien comprendre ici en quoi l'Atmoſphère contribue à la nourriture
du feu. C'eſt ce que je vais tâcher d'expliquer le plus clairement qu'il me ſera poſſible.

Si l'on allume ſur une plaque de
fer, un feu fait d'un bois qui brûle

On explique
ici ... ...
que de l'at-
moſphère ſur
le Feu.

bien, & qui foit rangé de façon qu'il occupe un efpace d'un pied du rhin en quarré ; l'Atmofphère péfe fur ce foïer avec tout le poids d'un prifme d'air, qui a une bafe égale à l'étendue du foïer. Or il paroît par les expériences de Torricelli que le poids d'un tel prifme varie en différens tems, mais de façon pourtant qu'il arrive rarement, qu'il y ait plus d'un dixiéme de différence entre la plus grande & la plus petite pefanteur de l'Atmofphère. Mais fi l'on fuppofe que dans ce tems-là l'Atmofphère eft auffi péfante qu'elle peut l'être, c'eft à dire qu'elle faffe monter le Baromètre à la hauteur de 30 pouces du rhin; fi l'on fuppofe de plus que la gravité fpécifique du Mercure eft à celle de l'eau, comme 14 à 1, & qu'un pied cube d'eau, dans un tems ferain, péfe 64 livres, poids d'Orfévre ; la preffion de l'Atmofphère fur cette baze quarrée fera alors de 2240 livres: tout ce grand poids agit donc alors fur le foyer. Mais il y a dans ce foyer un Feu ardent, qui éloigne de tout côté, qui éleve avec une force prodigieufe toute cette maffe de l'Atmofphère, qui la chaffe des endroits qu'il occupe, & qui par là même en aug-mente encore le poids. Or l'Hydrof-tatique nous apprend, que par la réaction de l'Atmofphère, le fluide dont elle eft compofée preffe tous les points de la furface de ce Feu, qui par conféquent eft reprimé de tout côté avec autant de force, que s'il étoit reprimé par une voute qui pût foutenir, fans fe rompre, un poids de 2240 livres. Ainfi les parties in-flammables, qui font agitées dans ce foyer par la force du Feu élémentaire, qui y eft raffemblé, auffi bien que tous les autres Corpufcules mis en mouve-ment par la même caufe, & qui tâ-chent de s'éloigner du Feu, tout cela dis je eft continuellement repouffé par ce grand poids vers le centre de ce Feu, & cela toujours avec plus de force, à proportion que l'action inté-rieure du Feu eft plus grande. Nous comprenons donc par là, que les par-ties du Feu, & celles de la matiére combuftible, font appliquées & com-primées les unes contre les autres avec une très-grande force, & qu'en même tems cette propriété étonnante qu'a le Feu de dilater & de mettre tout en mouvement, les agite & les fait tournoyer très rapidement pèle mêle les unes parmi les autres. Ne doit-il donc pas y avoir dans ce foyer un très grand frottement, entre toutes les parties solides ; ces parties ne font-elles pas plus fermement comprimées les unes contre les autres, à proportion que ce frottement excité par le Feu, eſt plus grand ? Mais le Feu agit toujours par des ſecouſſes inégales ſur l'Atmoſphère, qui de ſon côté réſiſte toujours également. Ainſi le Feu qui eſt dans ce Foyer éprouve par ces retours continuels de l'Atmoſphère, une action égale à celle qu'il éprouveroit s'il étoit frappé à chaque inſtant par un marteau de 2240 livres. Il y a plus encore ; nous ne ſçaurions douter que l'air ne bouille très-violemment ſur le Feu : nous pouvons nous en convaincre en regardant du côté du Soleil un charbon expoſé aux rayons ſolaires, les bouillonnemens de ce fluide élaſtique ſont bien plus forts & plus fréquens au deſſus du Feu du foyer. S'il arrive que ce Feu faſſe moins de réſiſtance en un endroit,

l'air preffé par l'Atmofphère s'y pré-
cipitera avec rapidité, mais étant dans
un inftant raréfié & repouffé par la
force du Feu, il fera toujours dans un
mouvement d'ofcillation très rapide
tout autour du foyer. Auffi long tems
donc qu'il y aura dans ce foyer affez
de Feu pour exciter de la Flame avec
ce qui lui fert véritablement de nourriture ; auffi l'ong-tems que le Feu
pourra agiter rapidement les parties
incombuftibles qui font expofées à fon
action ; auffi long-tems que ces parties
feront fi fort preffées entr'elles par
cette voute d'air qui les environne,
qu'elles ne puiffent pas s'échaper ; auffi long tems y aura-t-il dans ce foyer
un frottement affez violent, pour y
attirer auvant de Feu qu'il en faut pour
continuer la flamme : mais dès que le
Feu élémentaire, ou la matiére combuftible, ou ces parties groffiéres & immuables qui doivent être agitées, viennent à manquer, auffi tôt le Feu s'affoiblit & ceffe. Il en eft de même fi l'air
preffe moins, ou qu'il devienne plus
léger, le Feu s'affoiblit auffi d'abord ;
& fi cette légereté de l'air augmente
confidérablement, auffi-tôt tout fe dif-

sipe ; le Feu, les parties combustibles
& celles qui ne le sont pas se séparent,
se fuyent les unes les autres. De là
vient que dans le vuide de Boyle la
flamme cesse d'abord , & le Feu étin-
celant qu'elle laisse après elle s'éteint
aussi bien-tôt après ; la raison en est
qu'il n'y a plus là aucune application
de parties. Ceci nous apprend pourquoi le vent augmente la force de la
flamme ; c'est qu'il agit sur elle de la
même maniére qu'agiroit l'Atmosphère si elle étoit plus pesante. Mais
si le vent est si violent qu'il détruise
la voute d'air qui environne le foyer,
alors la flamme s'éteindra dans un
instant , mais peut-être aussi qu'au
moment suivant le même vent qui l'a
éteinte la rallumera. Si donc l'action
d'un soufflet sur le Feu n'est pas assez
grande pour l'éteindre , en détruisant
cette voute d'air qui l'environne, elle
appliquera plus fortement les unes
contre les autres les particules du Feu,
& par là elle augmentera la violence
de la Flamme. Si l'on employe deux
grands soufflets placés à l'opposite
l'un de l'autre , & qui tous deux souf-
flent fortement sur un même foyer,

on excite par là au milieu du Feu
une Flamme très-vive qui réduit bientôt les métaux en fuſion, & dont on
ſe ſert pour les ouvrages qui demandent un très-grand dégré de chaleur :
on peut en voir tous les jours des
effets, chez les Ouvriers qui travaillent l'or ou les autres métaux.
Enfin, nous voyons ici la raiſon pourquoi le Feu eſt plus ardent
à proportion que l'air eſt condenſé par un plus grand froid : c'eſt
qu'alors la voute de l'Atmoſphere qui
l'environne plus étroitement, le preſſe par là même davantage, & empêche ainſi plus efficacement les particules qui y voltigent, de s'en échapper avant que d'être aſſez diminuées
par ſon action pour pouvoir paſſer à
travers l'air même, & s'éloigner ainſi du foyer. Remarquons encore ici
que le Feu preſſe le plus l'Atmoſphere vers le haut, & qu'il la preſſe
moins à la circonférence de ſa baſe ;
ainſi l'air trouvant moins de réſiſtance dans ce dernier endroit s'y jette,
& oblige la Flamme & le Feu à s'é-
lever ; & comme le Feu eſt le plus
condenſé & par conſéquent le plus

F iiij

violent vers son milieu, de là vient que la Flamme s'éleve plus vers le milieu que vers les côtés où la force du Feu diminue insensiblement : c'est-là la cause de la figure pyramidale de la Flamme ; mais dès que le Feu est environné d'un Corps solide qui empêche l'air d'en approcher, alors le feu, la matiere combustible & les particules qui sont agitées étant également pressées & réprimées de tout côté, perdent bien-tôt leur mouvement, la Flamme cesse & le Feu n'est pas long-tems à s'éteindre ; mais il se rallume promptement si l'on ôte ce couvercle, & qu'on permette ainsi à l'air d'en approcher.

Ce qui sert d'aliment au Feu, ne se convertit pas en Feu.

En dix-septième lieu & enfin, si nous refléchissons attentivement sur tout ce qui a été démontré & rapporté jusqu'à présent, nous n'y trouverons rien qui nous convainque, qu'aucune matiere combustible, exposée à l'action du Feu : j'ai cherché, j'ai examiné tous les argumens qui semblent le prouver, mais aucun ne m'a paru concluant. Je n'ose donc pas assurer que l'Alcohol, l'huile, ou quelqu'autre Corps que ce soit,

se convertisse en Feu par la combustion. J'avoue que les Corps qui sont
parfaitement combustible sont tellement changés par la Flamme, & rendus si subtils qu'ils ne tombent plus
sous nos sens ; mais cependant cela
ne nous suffit pas pour prononcer,
sans risque de nous tromper, qu'ils
sont réellement convertis en Feu.

De l'Aliment du Feu, tiré du Regne Animal.

Après avoir traité avec toute l'e-
xactitude dont j'ai été capable, de
la matiere véritablement combustible, que fournissent les Végétaux,
l'ordre veut que nous recherchions
avec le même soin celle qu'on peut
tirer des animaux ; mais comme personne n'ignore que les Corps des animaux sont composés des Végétaux
dont ils se nourrissent, & qu'ils convertissent en leur propre substance
par la force de la digestion, nous
avons presque épuisé dans l'histoire
des Végétaux tout ce que nous avons
à dire ici. Et effectivement, si nous
devons croire ce qu'on en dit, les

F v

humeurs du Corps Animal deviennent quelquefois si subtiles & si huileuses, qu'elles prennent Feu comme l'Alcohol, & qu'elles donnent
comme lui une Flamme foible & pure. On raconte aussi qu'on a vu des
Flammes s'allumer autour des exhalaisons sorties du Corps de certains
Hommes ; & Van-Helmont remarque, qu'un vent lâché contre une
chandelle allumée, prend Feu. Si
tout cela est vrai, il faut pourtant
convenir qu'on en voit rarement des
exemples ; mais quant aux autres huiles des animaux, elles ne different
presque en rien des huiles des Végétaux par rapport à l'inflammabilité ; de sorte que tout ce que j'en pour-
rois dire ne seroit qu'une répétition
inutile de ce que j'ai dit ci-devant.
On tire aussi des animaux de l'eau,
des esprits, des sels, des huiles, de
la terre ; mais tous ces principes font
de la même nature ; ils se préparent,
ils se purifient de la même maniere,
ils produisent dans le Feu les mêmes
effets, que ceux qui se trouvent dans
les Végétaux. Ainsi tout ce que j'ai
à recommander, c'est qu'on veuille

bien se rappeller & appliquer ici ce
que j'ai dit ci-devant, & je pense que
cela suffira pour former une doctrine
assez complette sur cette matiere.
Peut être croira-t'on que les Phosphores qu'on tire des animaux, prouvent qu'ils contiennent quelques parties inflammables différentes de celles
qui sont dans les Végétaux ; mais il
faut savoir que la Chymie peut produire de semblables Phosphores avec
des charbons gras des Végétaux,
surtout de l'espéce de ceux dont les
sucs approchent le plus des humeurs
animales, telle qu'est par exemple la
moutarde. Je crois donc que je puis
me dispenser de m'arrêter plus long-
tems sur cet article.

De l'Aliment du Feu, tiré du Regne Fossile.

Une des choses qu'il importe de
remarquer d'abord ici, c'est que la
même loi de combustibilité, qui a
lieu dans la classe des Végétaux &
des animaux, a lieu aussi dans celle

des Foſſiles ; car on obſerve que dans ces derniers il n'y a que les huiles qui ſoient inflammables, & que les autres Principes ne le ſont point ; & même leurs diverſes eſpéces d'huiles donnent moins de fumée, de ſuye, de cendres, à proportion qu'elles ſont plus ſubtiles & plus légeres ; & qu'au contraire elles en donnent davantage à proportion qu'elles ſont plus épaiſſes & plus peſantes. Peut-être même ces huiles ſont-elles quelquefois d'une ſubtilité qui approche de celle de l'Alcohol ; quoique je ne ſache pas qu'on en ait découvert juſqu'à préſent aucune eſpéce aſſez ſubtile pour pouvoir ſe mêler avec l'eau.

Le Naphte reſſemble le plus à l'Alcohol.

J'ai bien lu qu'en quelques endroits il diſtilloit des rochers une certaine liqueur qui prenoit Feu à l'approche d'une chandelle allumée ; & je me rappelle encore qu'on a quelquefois obſervé qu'il ſortoit de certaines ſources une liqueur qui s'enflamme de même ; mais ceux à qui nous devons ces obſervations, ne nous ont point dit ſi ces liqueurs combuſtibles avoient auſſi la propriété de pou-

voir être mêlées avec l'eau. Il y a
des Hiftoriens qui nous difent que le
Naphte de Babylone étoit fi fubtile & fi volatil, qu'il prenoit Feu fi aifément & produifoit une Flamme fi
peu dangereufe, que fi on en difper-
foit dans les rues, il s'allumoit par la
Flamme des flambeaux qu'on por-
toit de nuit; de forte qu'on auroit
dit qu'il s'allumoit de lui même : on
voyoit toute l'étendue des rues parfe-
mée d'une Flamme bleue, mais foible & qui ne faifoit prefque aucun
mal. Cela me fait foupçonner que
cette liqueur approche très-fort de
la fubtilité de l'Alcohol; car peut-
tre que dans les pays chauds, notre Alcohol répandu de la même maniere s'allumeroit, comme nous avons
vû ci-devant qu'il s'enflammoit lorfqu'on le faifoit exhaler fous une cloche, & qu'on en approchoit une allumette; mais comme il n'eft prefque
pas poffible, à quelque prix que ce
foit, d'avoir de ce véritable Naphte,
on ne peut encore rien dire de certain là-deffus : celui qu'on nous vend
en Europe fous ce nom là, eft bien
éloigné de cette grande inflammabi-

lité; il est beaucoup plus épais &
plus tenace.

Le Petrole est aussi une liqueur subtile à la vérité, mais qui cependant
n'est pas comparable au Naphte des
Anciens ou à notre Alcohol. Quand
on le rectifie par la distillation on
le rend bien toujours plus subtil &
plus inflammable, mais cependant il
demeure toujours huile, il ne devient
point Alcohol. Au reste il arrive ici
la même chose qu'aux Végétaux; c'est
que plus la matiere huileuse & inflammable qui se trouve dans les Fossiles, est pure, subtile & légere, moins
elle donne de fumée, de suie, de
mauvaise odeur, de cendres, &
même tems sa Flamme est plus lége
plus pure & plus foible.

Les autres Fossiles inflammables où
se trouve mêlée une matiere crasse,
pesante & incombustible, s'allument
avec beaucoup plus de difficulté: il
faut qu'ils soient exposés à l'action
du vent ou d'un soufflet, pour brûler
avec force; mais aussi produisent-ils
une Flamme & un Feu d'autant plus
violent: on le voit très-clairement
dans le charbon de pierre lorsqu'il

eſt en Feu. Ces Corps donnent encore une fumée très-noire & épaiſſe,
& même un peu puante, ſurtout lorſqu'elle eſt condenſée en ſuye ; ils
laiſſent auſſi une grande quantité de
cendres fixes, inſipides pour l'ordinaire, mais très-peſantes.

Enfin parmi les Corps foſſiles qui *Le Soufre.*
ſervent d'aliment au Feu, on en trouve quelques-uns qui ſont compoſés
d'une huile entierement combuſtible,
& en même tems d'un ſel très-âcre
& très-acide, uni à cette huile. On
comprend aiſément que je veux parler du ſouffre. Pendant que ſa partie
huileuſe & combuſtible s'en ſépare
en forme de vapeur : ſi on l'oblige de
ſe réfroidir & de ſe condenſer en la
recevant contre les parois d'une cloche, elle donne une liqueur connue
ſous le nom d'eſprit de ſouffre par la
campane, & qui eſt très-reſſemblan-
te à cette liqueur, qu'on tire du vitriol par le moyen d'un Feu très-violent, & qu'on appelle huile de vitriol.
Si l'on ſépare exactement de cet eſprit l'eau qui s'y mêle pendant que le
ſouffre brûle, & qu'ainſi on le rende
auſſi pur qu'il peut l'être, c'eſt le flui-

de le plus pefant qu'il y ait après le mercure, & fans exception le plus âcre de tous. Ainfi le Souffre ne s'enflamme qu'après qu'il eft fondu & fortement échauffé par le Feu : enfuite quand ce qu'il a d'inflammable eft allumé, alors cette partie pefante, âcre, faline, acide, eft agitée, & atténuée ; elle bout au milieu de la Flamme ; par-là elle fe diffipe de tout côté, & elle rend le Feu très-violent ; mais quand après cela elle eft affez divifée par l'action du Feu pour pouvoir s'échapper à travers la voute d'air qui l'environne, alors elle fe convertit en une vapeur qui produit une très-grande inflammation dans toutes les parties du Corps d'un animal, auxquelles elle peut parvenir, & caufe par-là même une fuffocation dans les poumons. Tous les autres Corps qui font expofés à l'action de cette vapeur, fubiffent des changemens très-finguliers fuivant les différentes efpéces dont ils font, & fuivant le rapport qu'ils ont avec cet acide, le plus puiffant de tous ceux qui nous font connus. On attribue mal à propos tous ces effets que produit le souffre enflammé, au Feu élémentaire : il faut nécessairement faire ici quelque distinction, & se ressouvenir, que le souffre en Feu produit des effets qui sont dus en partie au Feu élémentaire, & à ce qu'il y a de combustible dans le souffre, & en partie à son acide qui est devenu volatil. Je ne crois pas qu'il soit nécessaire que je m'arrête à présent à rapporter en détail les Phénomènes que produisent dans le Feu les bitumes, l'asphalte, le Pissaphalte, ou la poix judaique ; ni de quelle maniere ils y sont changés : ce que j'ai dit suffit, je pense, pour nous mettre au fait à cet égard ; il est inutile de m'étendre davantage là dessus. Tout ce que j'ajouterai ici, c'est que ces divers Corps sont un mélange d'huiles grasses fossiles, de sels, pour l'ordinaire acides, de terre & souvent de quelques parties métalliques ou pierreuses. Ainsi ce qu'ils ont de véritablement inflammable, c'est leur partie huileuse ; leurs autres parties forment des espéces de petits dards qui voltigeant & qui s'élançant de tout côté augmentent la violence du Feu, ou font caufe des effets phyfiques & finguliers qu'il opere fur certains Corps.

Je crois en avoir affez dit fur la nature de l'aliment du Feu, autant au moins que cela eft néceffaire pour le but que je me fuis propofé : ainfi je puis ce me femble déduire de toute cette hiftoire, les Corollaires fuivans, comme autant de vérités démontrées par ce qui a précédé.

Le Feu ra-réfie tous les Corps.

1. Le Feu fimple pur, élémentaire, en s'infinuant dans les Corps, raréfie tous ceux qui nous font connus, foit qu'ils foient folides ou fluides, ou un mélange des uns ou des autres.

2. Cette propriété eft tellement particuliere au Feu feul, que jufques ici on ne l'a découverte dans aucun Corps fur lequel les hommes ont pu faire des expériences. Les effervefcences, les fermentations, les dilatations fingulieres de différens Corps confirment ce que j'avance ici.

Il eft la feule chofe qui foit également ré-

3. Le Feu autant qu'il fe manifefte par cette propriété, eft toujours

préſent par tout, tant dans les Corps *pandue par tout.* qui contiennent le plus de matiere, que dans le vuide le plus parfait.

4. Le Feu eſt répandu par-tout d'une maniere très-uniforme, auſſi long-tems qu'il n'y a point de cauſe particuliere qui le raſſemble dans un certain endroit.

5. La premiere & peut-être la *il eſt raſſemblé par le frottement.* principale cauſe qui le raſſemble, c'eſt le frottement de quelques Corps les uns contre les autres.

6. Le Feu de ſa nature, ſe meut, *Il s'étend.* ou du moins s'étend de tout côté.

7. Mais cependant il peut être déterminé, de façon que ce mouvement ou cette expanſion ſoit dirigée ſuivant des lignes parallèles ou convergentes; & c'eſt-là une autre maniere très-commune de raſſembler le Feu.

8. Le Soleil eſt la principale cauſe *Il peut être dirigé par le Soleil.* qui peut ainſi diriger ſuivant des lignes parallèles le Feu, qui de ſa nature n'eſt déterminé pour aucun côté particulier; au moins voyons-nous que le Soleil eſt pour cela d'une très-grande efficace.

9. La cauſe qui fait que les rayons

ignés deviennent convergens & se réuniffent en un petit efpace qu'on appelle foyer, eft ou la réflexion, ou la réfraction.

10. C'eft là une troifiéme maniere de raffembler le Feu.

11. On produit en un moment un Feu très-violent, en frappant rapidement avec un morceau d'acier froid un caillou auffi froid, & cela dans un lieu & dans un tems très froid. C'eft donc encore là une quatriéme maniére de raffembler le Feu.

12. Ce Feu ne dépend donc aucunement du Soleil, quant à fa matiére.

13. Il demeure cependant quelque tems dans les Corps, & il eft uni avec eux pendant ce tems-là.

14. Il demeure plus long-tems dans le corps avec lequel il eft uni, à proportion que ce corps eft plus denfe.

15. Nous ne connoiffons cependant aucun corps, qui puiffe toujours retenir le Feu qui lui a été une fois communiqué.

16. Le Feu, auquel ce qui eft dit dans ces 15 articles précédens peut s'appliquer, eft réellement celui, que

tous les hommes s'accordent à regarder comme le Feu élémentaire.

17. Outre ce Feu, il y en a en- *Le Feu*
core un autre, comme le vulgaire se *nourri*
l'imagine, qui consume & réduit les
corps combustibles en quelque chose
d'invisible ; qui, à ce qu'on croit est
nourri & entretenu par un aliment,
& auquel on attribue mal à propos le
pouvoir de convertir en Feu les corps
combustibles : on dit ordinairement
que ce Feu commence à naître, lorsqu'on applique en plein air du Feu,
qui existoit déja auparavant, à un
aliment qui est propre à le soutenir.
Par là on a trouvé un cinquiéme
moyen, très-commun, de rassembler
le Feu.

18. On ne connoit qu'une seule *par l'alcohol,*
matiére qui nourrisse ce Feu de fa-
çon qu'elle en soit entiérement consumée, & qu'elle ne produise qu'une
Flamme pure, qui, lorsqu'elle s'é-
teint faute de nourriture, ne laisse
rien après soi. Cette matiére c'est l'alcohol pur, & l'alcohol seulement.

19. Outre l'Alcohol, les autres *& par l'huile,*
parties qui sont mêlées dans ce qui *il toujours le*
sert d'Aliment au Feu, étant mues *même.*

par le Feu avec les parties combuſtibles, en augmentent la force.

20. Lors donc qu'on allume du
Feu, on ne produit pas, on ne crée
pas un nouveau Feu, on ne le déttuit
pas non plus, ni on ne le change pas
en l'éteignant. Peut-être auſſi que ce
Feu n'a point de peſanteur : cependant le contraire de ce dernier article paroît être appuyé ſur tant & de
ſi ſolides argumens, qu'il ſemble qu'il
n'y a plus moyen d'en douter, ſurtout depuis que Boyle a écrit un traité ſur la maniére de peſer la Flamme,
& moins encore depuis que Homberg a publié ſes obſervations ſur le
poids conſidérable que le Feu élémentaire pur, ſans aucun mélange d'aucun aliment propre à l'entretenir, a
communiqué à des corps incombuſtibles : ces obſervations paroiſſent
prouver clairement que le Feu élémentaire peut tout d'un coup former
une ſeule maſſe avec les corps, &
augmenter très - ſenſiblement leur
poids. La bonne foi, & l'amour de
la vérité veulent que je rapporte ici
les expériences faites ſur ce ſujet. Premierement, qu'on prenne du mercure

bien purifié par le moyen de quelque
métal, & rendu ainsi plus liquide qu'il
ne l'est naturellement ; qu'on le fasse
digérer pendant un tems suffisant,
dans un vase bien net, sur la flamme
d'une lampe allumée ; il se change en
une poudre noire, blanche, rouge,
& en même tems son poids augmente
quelque peu par cette opération. En
second lieu M. Du Clos a démontré à
l'Académie des Sciences que l'Antimoine calciné au foyer d'un miroir
ardent, étoit d'un seiziéme plus pesant qu'auparavant, malgré tout ce
qui s'en étoit dissipé en fumée. Mais
le fameux Homberg a examiné encore la chose avec plus de soin ; en dirigeant dans un vase creux le foyer du
verre de Tschirnhaus, il semble avoir
prouvé plus clairement, que le Feu
s'unit véritablement aux corps, qu'il
forme une même masse avec eux, &
que de là il en résulte de nouveaux
corps tout-à-fait différens de ce qu'ils
étoient auparavant, & considérable-
ment plus pesants. Il a exposé quatre
onces d'antimoine martial pulvérisé,
à l'action du grand verre ardent du
Duc d'Orléans, à un pied & demi de

diſtance de ſon véritable ſoyer ; & il a eu ſoin de remuer ſouvent cette poudre avec une ſpatule de fer ; & cela juſqu'à ce qu'elle ne fumat plus ; car dans le commencement, & même pendant aſſez long-tems, il en ſortoit une fumée abondante & épaiſſe ; l'ayant enſuite peſée, il trouva ſon poids augmenté de trois dragmes, & quelques grains, c'eſt-à-dire, environ d'un dixiéme. Cette même poudre expoſée au véritable foyer du verre s'y fondit d'abord & y perdit un huitiéme du poids qu'elle avoit eu auparavant, outre ces trois dragmes, & quelques grains, c'eſt-à-dire, environ d'un dixiéme. Cette même poudre expoſée au véritable foyer du verre s'y fondit d'abord & y perdit un huitiéme du poids qu'elle avoit eu auparavant, outre ces trois dragmes & quelques grains d'augmentation. Ainſi il eſt aſſez vraiſemblable que la fumée qui avoit paru durant la premiére calcination, avoit emporté une demi once du régule, & que cette fuſion avoit enlevé les trois dragmes du Feu qui s'y étoit inſinué. La même choſe arrive au Minium, à la

Chaux

chaux vive, & à d'autres matiéres,
lorſqu'on les expoſe à l'action du Feu.
Je ne doute point de la vérité de ces
expériences, & des autres qui ont été
faites par Boyle, ſur ce même ſujet:
je ſuis perſuadé que ces grands hommes les ont faites avec toutes les précautions poſſibles, & qu'ils les ont décrites très-fidélement. Mais auſſi il eſt
certain qu'une maſſe de fer de huit livres, bien pénétrée de Feu dans toute ſa ſubſtance, n'a reçu par là aucune
augmentation de poids, & cependant
il y avoit plus de chaleur ou plus de
Feu dans ce fer qu'il n'en auroit pu
acquérir à un pied & demi de diſtance
du véritable foyer du verre ardent
dont il a été parlé. J'ai placé ſur le
baſſin d'une balance un morceau de
fer rougi au Feu, je l'y ai laiſſé juſqu'à ce qu'il fut entiérement refroidi;
mais je n'ai remarqué aucun changement dans ſon poids. La calcination
de l'antimoine s'eſt faite dans un vaſe
de fer ou de terre; on l'a continuellement remué avec une ſpatule de fer;
cela ne peut-il pas avoir augmenté ſa
maſſe? Le véritable foyer a d'abord
chaſſé le Feu que l'on croyoit uni à

II. Partie.　　　　　G

l'antimoine ; mais est-on sûr que ce fut là véritablement du Feu? Toutes sortes de corps, calcinés par ce même dégré de Feu, n'acquiérent pas une semblable augmentation de poids, mais ceux-là seulement qui contiennent beaucoup de souffre corrosif, tels que l'antimoine, le plomb, l'étain, le fer, l'orpiment. Peut-être donc que l'augmentation de leur masse, n'est due qu'à l'action de ce souffre qui leur mêle les particules qu'il ronge & qu'il emporte aux autres Corps ; & que ce sont ces particules qui se séparent par la fusion. Si l'on met dans un vaisseau de verre les corps qu'on veut calciner, le poids qui leur est communiqué par le Feu, est si peu de chose, que l'on pourroit peut-être avec plus de raison l'attribuer à ce qui leur vient du verre, qu'à ce que le Feu leur ajoute. Ainsi il faut que toutes les expériences qui roulent sur cette matiére soient faites à dessein & avec toutes les précautions possibles ; puisque rien n'est plus aisé que de tomber ici dans l'erreur. Et pour qu'on ne croye pas que c'est par préjugé, & par un principe de partialité

en faveur de mon opinion, que je
tiens ce langage, on n'a qu'à lire ce
que que Du Hamel, si exact dans la
description qu'il fait des Expériences,
a écrit là-dessus dans son Histoire de
l'Académie des Sciences p. 14. 15.
On y verra les difficultés que ce pru-
dent Ecrivain fait sur cette matiére,
après avoir rapporté les Expériences
dont j'ai parlé. On y trouvera aussi
d'autres Expériences faites par le fameux Bouleduc, lesquelles démon-
presque le contraire.

21. On a vû ci devant que ce feu
élémentaire, pouvoit être prodigieu-
sement augmenté en quelques endroits, desorte qu'il produisoit sur les
corps certains effets physiques, qu'on
ne peut guéres connoître par un autre moyen, & qui enrichissent con-
sidérablement l'Histoire naturelle.
Nous en avons des preuves dans la
Dioptrique, & dans la Catoptrique,
& cela surtout si nous faisons concou-
rir à une même action les expédients
que ces deux Sciences nous fournissent. Ces effets méritent d'autant plus
notre attention, qu'ils sont dûs uniquement au feu élémentaire pur &

G ij

ſans aucun mélange de matiére hétérogène ni d'aliment ; & qu'ainſi ils nous apprennent ce que le feu pur produit ſur les corps qui ſont expoſés à ſon action : on peut rapporter à deux claſſes les changemiens qu'il opere ſur eux ; il diſſipe en un moment les corps tant liquides que ſolides, qui ſont volatils au feu ; quant aux corps ſolides qui ſont fixes, il vitrifie preſque tous ceux ſur leſquels on a fait des expériences, s'il ne les diſſipe pas. Ainſi donc le plus violent feu élémentaire, connu juſqu'à préſent, diſſipe ou vitrifie. Cependant, comme je l'ai déja dit pluſieurs fois, ce ſont là ſeulement les effets du plus grand feu que l'Art humain ait excité. Mais dans la nature le feu peut être réuni, & par là même augmente par une ſuite de dégrés infinie : ainſi il ne faut pas croire qu'on ait déterminé tout ce qu'il eſt capable d'opérer ſur les corps. Au contraire, le feu le plus violent qui nous ſoit connu, eſt peutêtre à peine le commencement du plus grand feu poſſible : or comme nous voyons que dans la médiocre augmentation, que reçoit le feu en

paſſant du plus grand froid, à la chaleur du foïer produit par le miroir
de Villette & le verre de Tſchirnhaus
réunis ; comme nous voyons , dis-je,
qu'entre les bornes étroites de cette
augmentation , il produit des effets ſi
différens , ſi ſinguliers & ſi merveilleux , quelqu'un pourra-t'il ici s'ima-
giner de connoître à fond tout ce que
le feu eſt en état de produire ſur les
corps ?

22. On a vû encore, que le feu élémentaire , raſſemblé auparavant dans
un certain endroit par quelque cauſe
que ce ſoit , pouvoit y être conſervé
par le moyen d'un aliment convenable ; & que cet aliment étoit toujours
ou de l'alcohol, ou de l'huile tirée
des animaux , des végétaux ou des
foſſiles. Mais ce feu ainſi nourri , peut
encore être prodigieuſement augmenté , par l'accroiſſement du poids de
l'Atmoſphère , lorſqu'elle agit librement ſur lui ; par le ſoin qu'on aura
de lui fournir en abondance de nouvelle huile , mêlée intimement en
quantité convenable avec d'autres
corps péſants ; par l'action réiterée de
pluſieurs grands ſoufflets , dirigés au

Et cela en différentes manieres.

centre du foïer. Or le dernier effet du plus grand feu de cette espèce qui nous foit connu, c'eft fur les animaux & les végétaux la production du phofphore; fur les végétaux, la vitrification; & fur les foffiles, la fufion de l'or, qui fupporte toute la violence de ce feu, fans fouffrir d'ailleurs aucune autre altération.

23. Après avoir ainfi expofé tous les moyens phyfiques, qui me font connus, de raffembler & de conferver le feu dans un certain endroit; il me refte encore à parler d'une autre méthode très efficace & très commune, de produire le même effet; c'eft-à-dire, du mélange de divers corps: & là-deffus, il y a plufieurs chofes très-furprenantes à remarquer: j'aurois trop à faire à les rapporrer toutes; il eft cépendant néceffaire que j'en indique quelques-unes.

De la chaleur produite par le mélange de certains vegétaux.

Il y a déja longtems que les Naturaliftes ont remarqué, que le feul mélange de différens corps produit quel-

quefois subitement une chaleur, ou
un froid assez considérable. Et cependant ni cetre chaleur, ni ce froid, ne
se trouvent dans aucun d'eux avant
le mélange, ni ne durent que pendant
que le mélange se fait ; ce mélange
une fois entiérement fini, la chaleur
ou le froid cessent, & les corps reviennent à la même température qu'ils
avoient avant que d'être mêlés. Le
fameux Baron de Verulam est un des
premiers à qui nous sommes sur-tout
redevables de cette Histoire du mélange des corps ; Boyle & Hook l'ont
beaucoup perfectionnée dans la suite.
Je vais en donner quelques exemples ;
mais auparavant je dois décrire les
Instrumens qui ont été inventés pour
faire des expériences sur cette matiére, & dont je me servirai dans la
suite. A B C est un grand Thermomètre, rempli d'esprit-de-vin coloré ;
il est appliqué contre une planche qui
a une rénure au milieu, de façon que
la partie inférieure M B A déborde
au de-là du bois, & cela afin que rien
n'empêche de la plonger dans les
vaisseaux qui contiennent les liqueurs
qu'on veut examiner. On marque sur

PLANCHE
V. fig 1.

l'un des côtés de la planche E G les
nombres des dégrés que l'esprit-de-
vin parcourt en montant & en des-
cendant ; pour qu'ils soient plus sensibles, on peint la planche en noir, &
les dégrés se marquent avec du blanc.
On place ensuite le vaisseau qui contient une des liqueurs qu'on doit examiner au dessous de ce Thermomètre,
de façon que toute sa partie AB soit
plongée dans cette liqueur ; on observe à quel dégré il est, après quoi
on verse l'autre liqueur, & on les re-
mue avec un tuyau de verre, pour
qu'elles se mêlent bien ensemble : a-
lors le Thermomètre indique d'abord
le changement que ce mélange a produit, soit par rapport au chaud, soit
par rapport au froid. Je passe à présent aux expériences.

EXPERIENCE I.

J'ai mis dans un vase deux onces
d'eau de pluye, qu'on avoit rendue
aussi pure qu'il étoit possible en la dis-
tillant dans un haut vaisseau & à un
feu doux. J'avois dans un autre vase
de l'esprit-de-vin commun, en égale

quantité. La chaleur de ces deux liqueurs étoit de 44 dégrés. Je mis un
de ces vases sous le Thermomètre que
je viens d'expliquer, & qui marquoit
aussi 44 dégrés : je mêlai ensuite tout
d'un coup les deux liqueurs, en les
remuant avec un tuyau de verre qui
avoit le même dégré de chaleur, on
s'apperçut alors clairement que ce
mélange les échauffoit au point de
faire monter le Thermomètre à 52 dégrés. Nous apprenons de-là les vérités suivantes. 1. L'eau pure & l'esprit-de-vin exposés à l'air, avoient
un égal dégré de chaleur, avant le
mélange. 2. La chaleur de l'air, de
l'esprit-de-vin & de l'eau étoit aussi la
même avant ce mélange. 3. L'air &
l'eau, l'esprit-de-vin & l'air mêlés ensemble, conservent le même dégré de
chaleur qu'il avoient auparavant. 4.
L'eau & l'esprit-de-vin s'échauffent
dès qu'on les mêle, non par une
suite de la chaleur qui étoit auparavant dans ces deux liqueurs, car elles
étoient également chaudes : mais 5.
par l'effet de quelqu'autre cause physique cachée dans ces liqueurs. 6. La
chaleur qui résulte de ce mélange, ne

G v

duré que pendant que ce mélange se fait; elle cesse dès qu'il est fini, quoiqu'on agite ces liqueurs plus fortement qu'elles ne l'étoient pendant qu'elles se mêloient. 7. Ainsi toute la cause de cette chaleur considérable qui se produit ici, est uniquement la première application des parties de l'esprit-de-vin aux parties de l'eau: au moment de ce premier contact il naît un feu qui périt d'abord après. 8. Le feu qui se produit, ou qui se manifeste, par ce mélange, est un véritable feu élémentaire: son action sur le Thermomètre le prouve clairement. 9. Il doit s'être perdu beaucoup de feu, pendant le tems qu'il a fallu au mélange pour faire monter si haut le Thermomètre.

EXPÉRIENCE. II.

J'ai mis dans un vase autant d'eau, que j'en ai employé dans l'expérience précédente, & également chaude, c'est à dire de 44 dégrés; & dans un autre vase, une égale quantité d'alcohol, & qui avoit précisément aussi le même dégré de chaleur; le Thermo-

mètre étoit auffi à la même hauteur ;
mais le mélange de cés deux liqueurs
le fit monter à 62 dégrés. Voici les
conféquences qui decoulent de là. 1.
Tout ce qui a été dit fur l'expérience
précédente, eft vrai appliqué à celle-
ci. 2. L'eau & l'alcohol mêlés enfemble s'échauffent confidérablement, &
même beaucoup plus que l'eau mêlée
avec l'efprit-de-vin. 3. La caufe de
cette augmentation de chaleur dépend donc uniquement de la proportion qui eft entre la quantité de l'alcohol & celle de l'eau avec laquelle il fe
mêle. 4. En verfant de l'eau fur l'alcohol, on fait venir dans celui-ci
plus de feu qu'il n'en avoit auparavant, quoiqu'il reffemble fi fort au
feu : car l'alcohol mêlé avec de l'autre
alcohol, ne produit pas un plus grand
dégré de chaleur : c'eft l'eau qu'on lui
mêle qui produit cet effet. 5. Moins
l'eau qu'on verfe fur l'alcohol, contient en foi d'alcohol, c'eft-à-dire,
plus elle eft pure, plus elle produit de
chaleur dans l'alcohol avec lequel on
l'a mêlé ; & au contraire.

E X P É R I E N C E III.

J'ai pris deux onces d'alcohol alcalifé, & autant d'eau très-pure; chacune de ces deux liqueurs féparée
avoit 41 dégrés de chaleur, & le
Thermomètre étoit auffi au même
dégré. En mêlant ces liqueurs le Thermomètre monta à 54. Il fuit de-là. 1.
Que ce qui a été dit fur les deux expériences précédentes doit être répété
ici. 2. Que l'eau & l'alcohol alcalifé
mêlés enfemble s'échauffent davantage que l'eau & l'efprit de-vin, mais
moins que l'eau & l'alcohol pur. 3.
Que par conféquent la caufe de la
chaleur de ce mélange, dépend du
feul alcohol & de l'eau pure.

On peut comparer avec ce que je
dis ici, ce qui eft rapporté par le fameux M. Geofroy dans les Mémoires
de l'Académie des Sciences, An.
1723. pag. 53. Ces expériences nous
font donc connoître des corps qui
ont la propriété finguliére de produire de la chaleur, & cela feulement
dans le moment qu'on les mêle; chofe
qu'il importe fur-tout de bien remar-

quer ici. A quoi il faut ajoûter que plus ce mélange se fait proprement, plus aussi est grande la chaleur qui en résulte, & que plus il se fait lentement, & successivement, moins sera grande la chaleur produite par la même quantité des liqueurs mêlées ; & lorsqu'elles sont au point qu'il n'y a plus aucune particule d'eau qui ne soit attachée à une particule d'alcohol, il ne s'excite plus alors de chaleur. Inutilement sécouera-t'on ce mélange, non-seulement la chaleur ne s'augmentera point, mais au contraire dans les trois expériences précédentes, dès que le mélange sera achevé, la chaleur commencera à diminuer, & la liqueur se refroidira successivement, jusqu'à ce qu'elle soit revenue, & cela en assez peu de tems, à la température de l'Atmosphère : c'est au moins là ce que j'ai constamment remarqué. Je tire donc d'ici les conclusions suivantes. 1. Au moment que les élémens de l'alcohol viennent à toucher ceux de l'eau, il se produit en même-tems une cause physique qui attire du feu. Mais quelle est cette cause ? Il est difficile de le dire. Cependant on obferve ceci ; c'eft que dans le premier inftant que fe fait le mélange, les deux liqueurs, qui auparavant étoient tranfparentes, fe troublent & reftent opaques pendaut tout le tems qu'il fe produit de la chaleur ; après quoi, leur tranfparence revient d'abord. Précifément auffi dans le même tems, il s'éleve une très-grande quantité de fort petites bulles, qui fe meuvent au milieu de ces liqueurs mêlées, qui crevent tout d'un coup, qui difparoiffent, & qui renaiffent ; mais qui ne paroiffent plus dès qu'une fois toute la chaleur eft produite. On ne fauroit décider fi ce font ces bulles qui par leur mouvement font naître la chaleur ; ou fi c'eft la chaleur qui les forme, en raréfiant les particules d'air qui font dans le mélange. 2. Nous fommes au moins fûrs de ceci, c'eft que cette chaleur dépend, non de l'union de la fubftance des deux liqueurs mêlées, mais de quelque autre caufe qui ne fe manifefte qu'au premier inftant que cette union a lieu. Ainfi il eft très-vraifemblable, que cette chaleur n'exifte que pendant un petit moment dans l'endroit où elle eft produite ; ce

qui est certainement quelque chose de
fort singulier. Peut-être même la poudre à canon n'est-elle pas allumée plus
promptement par une étincelle qui la
touche, que cette chaleur n'est produite par le mélange de ces liqueurs.
3. Plus nous examinons tout cela avec
attention, plus nous sommes incer-
tains sur la véritable cause qui rassemble ici le feu. Y a-t'il quelque force
attractive réciproque entre les élémens de ces liqueurs, qui soit cause
qu'en s'approchant, ils se précipitent
pour s'unir les uns aux autres, & produisent ainsi par leur choc quelque
peu de feu ? Ou, est-ce que l'attraction & ensuite la répulsion qui lui suc-
cede, excite entr'eux un frottement
très-rapide, d'où il résulte de la chaleur ; frottement qui cesse, dès que les
particules uniformement répandues
les unes parmi les autres restent en repos ? 4. Comme cette augmentation
de chaleur, qui résulte du mélange de
l'eau & de l'alcohol, a lieu quelle
qu'ait été auparavant la température
de ces deux liqueurs lorsqu'elles é-
toient séparées, il suit de là que l'alcohol mêlé avec l'eau qui est dans no-

tre sang, doit s'échauffer très-promptement jusqu'à un certain dégré, &
pendant un certain tems, au de-là duquel il ne peut plus produire sur elle
aucun effet. 5. Par conséquent des
frictions faites avec de l'alcohol peuvent réchauffer les corps réfroidis par
une humidité aqueuse. De ces mêmes
principes nous pouvons aussi inférer
quels effets doivent opérer sur nous
les bains & les fomentations prépa-
rées avec l'alcohol.

E X P É R I E N C E IV.

Si l'on mêle, comme dans les expériences précédentes de l'eau bien
pure, avec le vin le plus fort qu'on
pourra trouver, il ne résultera de ce
mélange aucune augmentation ni aucune diminution de chaleur, au moins
qui soit sensible ; car en effet il se produit bien quelque légere chaleur, mais
qui est si peu de chose qu'on a peine à
la remarquer. Par conséquent ; 1.
L'eau & le vin sont des liquides également chauds par eux-mêmes, & ils
conservent leur même dégré de chaleur après qu'on les a mêlé. 2. Ainsi

le vin appliqué à quelque chose n'est pas propre à l'échauffer sensiblement plus que ne feroit l'eau. 3. La chaleur que le vin excite dans le corps humain ne dépend donc pas de celle qui existoit auparavant dans cette liqueur, & qui s'est ensuite communiquée aux humeurs; mais de la propriété qu'il a d'exciter & d'accélerer la circulation du sang dans nos vaisseaux, & d'augmenter par-là le frottement entre ces vaisseaux & les humeurs qu'ils contiennent, ce qui y attire du feu.

EXPERIENCE V.

Si l'on mêle tout d'un coup de l'eau, & du vinaigre distillé & fait avec du vin fort, & si ces deux liqueurs étoient également chaudes auparavant, on ne remarquera aucune production de chaleur sensible; le mélange aura le même dégré de chaleur qu'avoient les liqueurs séparées. Donc 1. L'eau & le vinaigre par eux-mêmes sont également chauds, & leur chaleur n'augmente ni ne diminue point, soit qu'on les mêle ou qu'ils restent séparés. 2. La qualité rafraîchiſſante qu'a le vinaigre, par rapport au corps humain, & qui eſt ſi eſtimée des Médecins ne dépend point d'un froid qui ſoit naturel.

EXPÉRIENCE VI.

Si l'on a dans deux vaſes différens de l'huile de Tartre par défaillance, & de l'eau bien pure, qui aient préciſément le même dégré de chaleur que l'air qui les environne, & qu'on les mêle enſuite auſſi exactement qu'il eſt poſſible, on ne remarque aucun changement de chaleur. Par conſéquent; 1. Cette premiére liqueur, qui nous paroît être une de celles qui rênferment le plus de feu, n'eſt réellement pas plus chaude en ſoi que l'eau pure, quoique d'ailleurs elle ſoit ſi échauffante. Cette propoſition paroîtra un paradoxe à un homme à qui cette expérience n'eſt pas connue, & cependant rien n'eſt plus vrai. 2. Cette liqueur qu'on croit contenir tant de feu, ne diminue cependant point le froid de l'eau avec laquelle on la mêle. 3. Lorſque l'alcali fixe pénétré de feu eſt diſſout dans autant d'eau

qu'il lui en faut pour cela, il ne peut
plus exciter de feu dans cette eau. 4.
Cet alcali liquide mêlé avec l'eau de
notre sang, ne peut donc pas non
plus à cet égard, en augmenter la chaleur.

EXPÉRIENCE VII.

Prenez de l'eau & de l'huile distillée de Térebenthine, qui séparément
ayent un dégré de chaleur égal à celui
de l'Atmosphère ; mêlez-les aussi intimement qu'il sera possible en les agitant, vous ne produirez pas par-là
la moindre augmentation de chaleur.
Voici ce qui découle de cette expérience. 1. L'huile essentielle distillée,
qui a la propriété d'échauffer si fort
le corps humain, & de le défendre si
efficacement contre le froid, ne renferme cependant pas plus de chaleur
en soi que l'eau froide & simple. 2.
Cette huile, qui approche si fort de
l'alcohol à plusieurs égards, ne communique aucune chaleur à l'eau avec
laquelle on la mêle, au lieu que l'alcohol lui en communique un très-
considérable. Ce Phénomène singu-

lier rend plus vraisemblable encore
ce que j'ai dit ci-devant ; c'est que le
premier contact des parties de l'alcohol & de l'eau étoit la principale cause de cette augmentation de chaleur.
3. Cette huile en se mêlant avec l'eau
de notre sang ne peut pas non plus la
réchauffer.

EXPÉRIENCE VIII.

La plus sûre marque, peut-être, à
laquelle on connoît qu'on a de l'alcohol bien préparé, c'est qu'on puisse le
mêler intimement avec des huiles distillées simplement en le sécouant ; car
s'il contient la moindre quantité d'eau,
il ne sera jamais possible de les mêler
parfaitement. Prenez donc de l'alcohol qui puisse subir cette épreuve, &
de l'huile étherée de Térebenthine
bien purifiée : attendez que ces deux
liqueurs ayent précisément le dégré
de chaleur de l'Atmosphère : & alors
mêlez-les : elles se confondront parfaitement l'une avec l'autre ; comme
si vous mêliez de l'alcohol avec de
l'autre alcohol ; mais que croyez vous
qu'il en arrivera ? Il ne résultera pas

de ce mélange la plus petite augmentation de chaleur. En cela il n'y aura
rien d'extraordinaire pour le vulgaire ; mais je suis persuadé que tous
ceux qui sont au fait des expériences
précédentes se seroient attendus à
quelque production de chaleur par le
contact intime des particules de l'alcohol & de l'huile : au lieu qu'on voit
clairement que quoique l'alcohol se
distribue aussi entiérement & aussi uniformément entre les parties de l'huile
qu'entre celles de l'eau, cependant il
ne peut produire aucune chaleur. Par
conséquent l'alcohol mêlé avec les
huiles de notre corps, ne les échauffera pas plus qu'elles ne le font naturellement, quoiqu'il puisse produire
cet effet sur l'eau qui est dans notre
sang. Nous voyons par-là combien
de découvertes nouvelles & inatten-
dues nous pouvons faire, lorsque
nous mêlons divers corps entr'eux,
dans le dessein de voir ce qui en résultera. Continuons donc de faire usage
de cette méthode.

E X P É R I E N C E IX.

J'ai mêlé du vinaigre diftillé, & de l'huile de Térebenthine, lorfque ces deux liqueurs prifes à part avoient 44 dégrés de chaleur, de même que l'Atmofphère ; ce mélange a produit infenfiblement & fucceffivement une chaleur de 45 dégrés. Par conféquent. 1. Le vinaigre & l'huile font des liqueurs également chaudes par elles-mêmes. 2. Leur mélange produit quelque peu de chaleur. 3. On commence à remarquer ici la propriété qu'ont les acides d'exciter de la chaleur lorfqu'ils font mêlés avec des huiles, quoiqu'en très petite quantité : car M. Homberg a démontré que dans le plus fort vinaigre, il n'y avoit que $\frac{1}{80}$ de véritable acide. *Mem. de l'Acad. Royale des Sc. T. I. p. 52.* 4. Le vinaigre donc étant mêlé avec les huiles de notre corps, y caufe quelque chaleur. 5. Le Vinaigre diffère entr'autres à cet égard de l'eau.

Expérience X.

J'ai pris du même vinaigre & du même alcohol, dont je me suis servi pour les Expériences précédentes, & qui é oient tous deux aussi chauds que l'Air ; je les ai mêlé ; aussi-tôt il s'est produit une chaleur qui a fait monter le Thermomètre de 42 à 52 d. Ainsi 1°. l'Alcohol & le vinaigre sont par eux mêmes également chauds. 2°. Leur mélange excite une chaleur très-considérable. 3°. L'Alcohol mêlé avec du vinaigre, acquiert plus de chaleur que quand il est mêlé avec de l'huile.

Expérience XI.

L'huile de tartre faite par défaillance, & l'huile de térébenthine, ayant chacune à part 45 dégrés de chaleur, font monter le Thermomètre à 48 dégrés lorsqu'on les mêle. Par conséquent, 1°. Ces huiles sont par elles-mêmes également chaudes. 2°. Mêlées ensemble elles produisent une chaleur assez considérable.

EXPE'RIENCE XII.

J'ai pris trois parties de ce même vinaigre, & une de cette même huile de tartre par défaillance que j'ai employé dans les Expériences précédentes ; ces deux liqueurs étant séparées avoient chacune 46 dégrés de chaleur ; je les ai mêlées tout d'un coup, sans qu'il en soit résulté aucune augmentation de chaleur. Nous apprenons de là que le Feu n'est point rassemblé par l'union de ces Sels opposés.

EXPÉRIENCE XIII.

De l'alcohol & de l'huile de tartre par défaillance, ayant le même dégré de chaleur que l'air, mêlés aussi intimément qu'il étoit possible en quantité égale, ont fait monter le Thermomètre de 64 à 68.

EXPÉRIENCE XIV.

J'ai pris de l'alcohol qui avoit 47 dégrés de chaleur ; j'y ai mêlé du Sel de tartre alcali, fixe, sec & pur : aussi-tôt

tôt le Thermomètre est monté à 51.

EXPÉRIENCE XV.

Sur trois parties d'eau bien pure, j'ai jetté une partie de sel de tartre alcali, fixe & sec; cela a fait monter le Thermomètre de 47 à 57.

EXPÉRIENCE XVI.

A trois parties de vinaigre, j'ai mêlé une partie de sel de tartre alcali, fixe, sec, ce mélange a fait monter le Thermomètre de 43 à 49.

EXPÉRIENCE XVII.

A trois parties d'huile de térében-thine, j'ai mêlé une partie du même sel de tartre ; cela a fait monter le Thermomètre de 43 à 48.

Voici ce que nous apprenons de toutes ces Expériences. 1. Les corps simples que la Chymie tire des végé-taux ont par eux-mêmes un égal dé-gré de chaleur, sçavoir celui qu'a l'Atmosphère, dans le tems qu'on les examine. 2. Quelques-uns d'eux n'ac-

II. Part. H

quèrent une plus grande chaleur que quand on les mêle, cette chaleur ne dure que pendant le tems que le mélange s'opère, elle se dissipe lorsqu'il est fini, & ces corps mêlés reviennent insensiblement à la temperature de l'Air. 3. La production de cette chaleur ne dépend donc pas de la substance même de ces corps, mais seulement de leur jonction actuelle. 4. L'alcohol & l'eau sont les principaux fluïdes tirés des Végetaux, qui ayent cette propriété, que je viens de décrire, de produire de la chaleur. 5. Le Sel de tartre & l'eau sont les principaux des corps solides & fluides dont le mêlange excite le plus de chaleur. 6. Après eux l'alcohol & le sel de tartre, produisent à cet égard l'effet le plus sensible. Passons à présent à l'examen des diverses parties des animaux; & ici apportons le même soin que dans les Expériences précédentes.

De la chaleur produite par le mélange de divers corps tirés des Animaux & des Végetaux.

Expe'rience I. Faite en plusieurs manieres.

Si l'on expose pendant quelque tems à l'air de l'urine fraîche, & qui a eu tout le dégré de coction requis dans le corps d'un homme sain, elle acquiert la même température que l'atmosphère : & si alors on la mêle avec une égale quantité d'eau chau-de au même dégré, ce mélange ne cau-se aucun changement dans le Ther-momètre.

Si on la mêle avec de l'alcohol, sa chaleur augmente de 38 à 49.

Avec l'huile de Térebenthine elle ne souffre aucun changement.

Avec le Sel de tartre elle fait mon-ter le Thermomètre de 38 à 39.

Avec le plus fort vinaigre elle ne change point.

Avec l'esprit d'urine elle ne chan-ge pas non plus.

Avec le sel d'urine sa chaleur di-minue de deux dégrés.

Avec l'esprit de nitre le Thermomètre monte de 38 à 43.

Avec l'esprit de sel de 39 à 43.

Avec l'huile de vitriol de 39 à 54.

EXPE'RIENCE II. *Faite en différentes manieres.*

L'urine d'un homme sain, tenuë long-tems dans une bouteille fermée, pour qu'elle se corrompe entiérement, acquiert la même temperature que l'Atmosphère : si alors on la mêle avec une égale quantité d'eau pure, elle fait descendre tant soit peu le Thermomètre.

Mêlée de même avec de l'Alcohol sa chaleur augmente de 38 à 45.

Avec l'huile de térebenthine elle ne change point.

Avec le sel de tartre, le Thermomètre descend de 38 à 36.

Avec le plus fort vinaigre, il monte de 37 à 38.

Avec l'esprit d'urine, il descend de 38 à 36.

Avec le sel d'urine, il descend de 38 à 32.

Avec l'esprit de nitre, il monte de 38 à 40.

Avec l'huile de vitriol, il monte de 38 à 45.

EXPÉRIENCE III. *Faites en différentes manieres.*

Le sel tiré de l'urine fraîche par la distillation, & sans qu'on y ait rien ajouté que du sable, mêlé avec de l'eau, de la maniere que j'ai déja si souvent indiquée, fait descendre le Thermomètre de 40 à 38.

Mêlé avec l'alcohol, le Thermomètre monte de 40 à 41.

Avec le sel de tartre, il monte de 40 à 45.

Avec le plus fort vinaigre, il descend de 43 à 41. mais mêlé avec ce même vinaigre épaissi jusqu'à la consommation de la moitié, il fait monter le Thermomètre de 42 à 44.

Avec l'esprit de Nitre, le Thermomètre monte de 43 à 60.

EXPERIENCE IV. *Faites en diverses manieres.*

Avec de l'esprit alcali, volatil & assez fort, tiré du sel ammoniac &

d'une égale quantité de sel de tartre, j'ai mêlé une quantité d'esprit de vinaigre très-fort ; ces deux liqueurs, qui séparées avoient le même dégré de chaleur que l'air ont fait monter par leur mélange le Thermométre de 44 à 48.

Ce même esprit alcali mêlé avec du très-fort vinaigre, fait monter le Thermométre de 44 à 47 ½.

Avec l'esprit de sel distillé avec du Bol, & ensuite rectifié, le Thermomètre monte de 46 à 64.

Avec l'esprit de nitre distillé avec du Bol, il monte de 46 a 82.

De la chaleur produite par le mélange de divers corps fossiles.

EXPÉRIENCE I. Faites en plusieurs manieres.

A trois onces d'eau bien pure & qui a 47 dégrés de chaleur, je mêle une once de nitre purifié & réduit en poudre : le Thermomètre descend à 36.

A trois onces d'eau bien pure, & chaude de 48 dégrés, je mêle une once de Borax pur : le Thermomètre descend à 45 ½.

A trois onces d'eau bien pure, & chaude de 46 dégrés, je mêle une once de sel marin. Le Thermomètre descend à 43.

A trois onces d'eau, chaude de 47 dégrés, je mêle une once de sel ammoniac ; le Thermomètre descend à 28.

A trois onces d'eau, chaude de 45 dégrés, je mêle une once d'huile de vitriol, non rectifiée ; le Thermomètre monte à 60.

A deux onces d'alcohol bien pur, & qui a une chaleur de 47 dégrés, je mêle une once d'huile de vitriol non rectifiée ; le Thermomètre monte à 60.

A trois onces de Vinaigre distillé, & chaud de 46 dégrés, je mêle une once d'huile de vitriol non rectifié ; le Thermomètre monte à 60.

La céruse mêlée avec de la foible eau forte, produit une ébullition qui fait monter le Thermomètre de 44 à 57.

L'ébullition de la rapure d'étain avec l'eau régale fait monter le Thermomètre de 44 à 56.

La limaille de fer excite dans l'eau régale une ébullition, qui fait monter le Thermomètre de 44 à 160.

J'ai fait plusieurs autres Expériences semblables, qu'il seroit trop long de rapporter. Cependant avant que de finir cet article, je dois faire une remarque ; c'est que si l'on veut avoir en peu de tems quelque chose de certain & de complet sur l'Histoire de la chaleur qui est produite par le seul mélange de divers corps, il faut commencer par examiner ceux qui appartiennent à une même classe d'un des trois regnes, végétal, animal, fossile, & marquer soigneusement ce qu'on aura observé : ensuite il faut mêler des corps qui sont de différentes classes, & cela en observant toujours les précautions requises. Je dois avertir en même tems ceux qui m'ont vu faire en public toutes les Expériences précédentes, qu'elles ont été faites assez grossiérement, & sans que j'y aye apporté tout le soin que j'aurois pu & que j'aurois du y apporter. La briéveté du tems m'obligeoit de me hâter. Il m'a fallu aussi me servir de grands Thermomètres, pour rendre fenfible le fuccès des Expériences à plufieurs fpectateurs : mais lorfqu'on plonge de tels Thermomètres dans une petite quantité de liqueur, ils doivent caufer quelque changement dans la chaleur ou dans le froid qui réfulte du mélange, & par là, même, les Expériences ne font pas auffi exactes qu'elles pourroient l'être. Je recommande à ceux qui voudront en faire de femblables, de fe fervir de Thermomètres de mercure, faits par M. Fahrenheit, ce font ceux que j'ai employé pour l'examen du froid artificiel, produit par le fel ammoniac, & dont il a été parlé ci-devant. Ces Thermomètres indiquent les plus petites variations du chaud & du froid ; & leur volume eft fi petit, qu'ils ne caufent prefque aucun changement dans la chaleur des liqueurs qu'on veut examiner.

Du Feu véritable produit dans un corps froid, par le feul attouchement de l'air.

L'induftrie infatigable des Chymiftes fait qu'ils découvrent tous les

.jours des chofes qui étoient inconnues auparavant. Après l'invention de la poudre à canon, il n'y a aucune de ces découvertes qui foit plus furprenante, que la production artificielle de certains corps, qui font froids comme tous les autres, auffi longtems qu'ils n'ont aucune communication libre avec l'air; mais qui s'allument, & qui même s'enflamment d'eux-mêmes, dès que l'air touche immédiatement leur fuperficie, & cela fans qu'aucun autre corps ni aucun feu en approche, & fans qu'il fe faffe aucun frottement mécanique. On a donné à ces corps le nom de Phofphores; & je n'entend parler ici que de ceux qui produifent du feu, & non de ceux qui donnent fimplement de la lumiere dans les ténèbres, mais fans exciter de feu.

Premiérement donc, fi les humeurs des animaux, après avoir été auparavant bien putréfiées, font privées par l'action du feu de tout ce qu'elles renferment de volatil, favoir de leur fel volatil, ou de leur huile, elles laiffent une efpéce de charbon : fi l'on mêle enfuite ce charbon avec le triple de

fable, ou de charbon de bois pulvé-
rifé, où avec deux parties de ce même charbon & une moitié d'alun ; fi
l'on expofe le tout dans une cornue
faite de la même terre avec laquelle
on fait les creufets, à l'action d'un feu
ouvert de revebère, qu'on augmente
infenfiblement jufqu'à ce qu'il devienne très-violent, & qu'on continue alors affez long-tems dans le même état ; fi en même-tems l'on a foin
de placer la cornue dans le fourneau,
de maniere que l'ouverture de fon
cou touche l'eau contenue dans un récipient, avec lequel cette même cornue fera lutée exactement ; fi, dis-je,
l'on procede de cette façon, le dernier dégré de feu, fera monter, après
quelque fumée, une matiére péfante,
de couleur cendrée, qui tombe par
grains au fond de l'eau, qui ne s'y
diffoud pas, mais que la chaleur fait
fondre, & peut reduire en petites
maffes fous l'eau même. C'eft là ce
qu'on appelle le Phofphore de Crafft,
de Kunckel, de Boyle. On peut le
conferver long-tems en bon état, en
le tenant dans un endroit froid, &
cela dans un vaiffeau rempli d'eau, &

bien bouché. S'il furvient une chaleur un peu confidérable dans l'air, ce Phofphore brille dans les tenèbres, à travers l'eau dans laquelle il eft : expofé à l'action d'un air ouvert & tiéde, il luit ; & fi l'air devient un peu plus chaud, on voit, en le regardant avec le Microfcope, un mouvement d'ébullition, & une agitation continuelle entre fes parties ; & peu après il s'enflamme, il fe confume, & il laiffe quelque peu d'huile de vitriol, ou une liqueur qui lui reffemble fort par fon acidité & par fa péfanteur. C'eft donc là une nouvelle maniére d'exciter du feu, & très-différente de toutes les autres dont il a été parlé ci-devant. Eft-ce que l'air qu'on croit être dans un mouvement continuel d'ébullition, lorfqu'il eft un peu chaud, agite & frotte les parties de ce Phofphore, & excite premiérement ainfi dans cette matiére très-mobile, quoique d'ailleurs affez fixe, quelque chaleur, enfuite de la lumiére, & enfin de la flamme? Ce qu'il y a de vrai, c'eft que dans un endroit froid, ce Phofphore, quoique contigu à l'air, donne à peine une foible lumiére, & ne s'échauffe ni ne s'allume point. Dès qu'une fois il eſt enflammé, il ne peut s'éteindre que très-difficilement. A en juger par toutes ſes qualités, & par l'analyſe qu'on en fait en le brûlant, il paroît approcher très-fort de la nature du ſoufre commun bien purifié, mais il eſt plus mol, & ſe fond plus aiſément, & à cet égard il reſſemble davantage à la cire. Il differe cependant de ces deux corps, en ce qu'il ne lui faut qu'un très-petit dégré de feu pour bouillir & pour s'enflammer. Voyez *Boyl. Noctil. Aër. Slare. Philoſoph. Tranſact.* 1683. p. 1457. *Homberg. Mémoires de Math. & Phyſ.* 1692. p. 74.-80. *Nieuwentyt.* p. 520. *Hofmann. Obſerv. Chym. Phyſ.* p. 306.

Phoſphore brûlant.

2. On a découvert enſuite une autre maniére, beaucoup plus belle encore que la précédente, de faire un Phoſphore qui s'enflamme dès le moment qu'il eſt contigu à l'air, & il n'importe pas que celui-ci ſoit froid ou chaud. Le fameux M. Homberg eſt le premier qui m'en ait parlé dans une lettre écrite de Paris, en date du

16 Avril 1712, & qui me fut remife par M. Hafberg, lequel me fit part de bouche de diverfes obfervations remarquables fur cet article. Enfuite la maniére de faire ce Phofphore, rendue plus facile & moins défagréable, fut publiée dans le Journal des Sçavans de l'Année 1716. *pag.* 60. Et remarquons ici que ces deux Phof-phores, tant celui qui a été décrit dans l'article précédent, que celui que nous allons décrire à préfent, ont à peu près la même origine : le premier a été découvert par un Al-chymifte qui cherchoit la Pierre phi-lofophale dans l'urine, & le dernier par un autre Alchymifte qui pouffoit le ridicule jufqu'à la chercher dans les excrémens humains. Voici fa com-pofition. Prenez quelque partie mol-le d'un animal, coupée en fort petit morceaux, ou quelques-unes de fes humeurs, ou même de fes excrémens : mettez cela fur un petit feu dans une poële de fer, & remuez-le continuel-lement avec une fpatule de fer, juf-qu'à ce qu'il foit converti en une pou-dre féche & noire ; ou prenez quel-que végétal réduit en parties fines,

de la farine par exemple, & il n'importe pas de quelle espéce ; préparez
là de la même maniere. Prenez ensuite
une partie de cette poudre noire cal-
cinée, & mêlez y quatre parties d'a-
lun crud, que vous broyerez ensemble pour en faire une poudre très-
fine, mettez le tout dans une poële
de fer, faites le calciner sur le feu,
remuez-le, agitez-le, broyez-le toujours avec une spatule bien chaude ;
lorsque l'alun fondu par le feu vient
à former de gros morceaux, écrasez-
les, & continuez de remuer cette matiere, jusqu'à ce qu'il n'en sorte plus
de fumée, & qu'elle soit entiérement
convertie en une poudre fine, séche,
fixe, & parfaitement noire. Remplis-
sez alors de cette poudre les deux tiers
d'un matras net, sec, & dont le cou
soit étroit. Bouchez l'entrée du cou
de ce matras avec un bouchon de papier qui entre aisément, afin que l'air
puisse le traverser librement, & que
les vapeurs puissent sortir facilement.
Placez ensuite ce matras entre des bri-
ques ou dans un creuset en l'environ-
nant de tout côté de sable, de façon
qu'il ne touche nulle part par le fond

ou les côtés du creuset & qu'on puisse
voir cependant la matiere qui est au-
dedans. Environnez encore le creuset
& le matras de sable, & faites lentement & prudemment un feu de charbon autour, jusqu'à ce que le tout soit
bien pénétré de chaleur: alors aug-
mentez le feu, pour faire rougir le
creuset, le sable, le matras, & la matiere qu'il renferme. Lorsque vous en
êtes là, continuez le feu avec la même violence pendant une heure; &
au bout de ce tems, le feu étant encore dans le même état, fermez exactement avec de la cire l'ouverture du
cou du matras, desorte qu'il ne puisse
point y entrer d'air. Laissez alors réfroidir le tout de soi-même; & vous
trouverez dans le matras un charbon
noir & réduit en poussiére, formé de
ce mélange de poudre & d'alun. Si
vous tirez du matras quelque peu de
cette matiere pour l'exposer à l'air
froid, au moment même elle prend
feu & s'enflamme; mais aussi dès qu'u-
ne fois elle a touché l'air, elle perd
cette propriété. Cette maniere d'exciter du feu, paroît être la plus singuliére de toutes celles qui sont con-

hues, fur-tout en ce que ce Phofphore
conferve fa force pendant plus de
trois mois, fi feulement l'on a bien
foin qu'il n'ait aucune communication avec l'air extérieur. Or dans cette expérience nous avons un véritable charbon tiré du regne animal ou
végétal, formé par la violence du feu,
très - fubtil, & par là même très-
propre à entretenir & à nourrir la
moindre éteincelle qui viendra fur lui ;
comme cela paroît par ce qui a été dit
ci-devant, lorfqu'on a parlé de la nature du charbon. Ce charbon eft auffi
fec qu'il eft poffible, comme on peut
aifément le comprendre par l'expofi-
tion de tout ce procedé : s'il vient à
contracter la moindre humidité, ne
fut ce qu'un peu de l'humidité de l'air,
l'expérience ne réuffit plus. Il faut encore remarquer que la violence du feu
a écarté tout l'air de ce charbon , car
il faut boucher exactement le matras ,
lorfque le plus grand feu qu'il peut
fupporter fans fe fondre, en a chaffé
l'air, qui, s'il peut y rentrer, dérange
toute l'expérience. Remarquons auffi
par rapport à l'alun, qui femble n'ê-
tre qu'une pierre à chaux rongée &

convertie en forme de sel par l'huile
de vitriol, que cette longue calcination en fait sortir l'air, le phlegme ;
& l'esprit acide volatil qu'il renferme, & que l'huile de vitriol entiérement déphlegmée, & par-là même très - forte, reste & se fixe dans
cette terre séchée. Or de tels corps
n'aiment pas à demeurer dans cet état
de siccité ; dès que l'air les touche, il
les échauffe ; il s'insinue dans leurs
pores qui sont vuides avec une impétuosité qui a été calculée ci-devant ;
par-là il cause un grand frottement entre leurs parties ; & c'est peut-être là la
raison pour laquelle il excite du feu,
qui est ensuite soutenu & entretenu aisément par ce charbon noir sur lequel
il tombe. Quelle que soit la cause de
ce Phénomène, il nous prouve clairement, que le seul attouchement de
l'air commun & froid, peut enflammer sans le secours d'aucune autre
chose, un corps froid ; desorte que
ce corps sera aussi sûrement réduit en
cendres, qu'il pourroit l'être par aucun feu connu. Nous ne pouvons pas
en douter, quoique jusqu'à présent
nous ne connoissions aucune autre

expérience où cela réussisse aussi bien, toutes les fois qu'on le veut. Qui est-ce donc qui pourra déterminer les véritables bornes dans lesquelles la force du feu se trouve renfermée ? Qui auroit jamais cru, il y a 40 ans, une telle chose possible ? Qui pourra deviner les nouvelles découvertes qu'on fera dans la suite ? Qu'arrive-roit-il si le matras qui contient cette poudre froide venoit à se casser, & que cette matiére se répandit sur de la poudre à canon ?

Du Feu que produisent des Fossiles froids par le moyen de l'eau.

Si l'on prend de la limaille de fer crud, limé fraîchement & qui n'ait contracté aucune rouille, & qu'on la broye long-tems & fortement avec une égale quantité de soufre, pour en faire une poudre fine ; ce mélange exposé à un air sec reste froid aussi long-tems qu'on le préserve de toute humidité ; mais si l'on en forme une pâte épaisse en le paitrissant simplement avec une égale quantité d'eau ; après quelque tems cette masse s'échauffe,

il en fort des vapeurs, elle s'enfle, fa
chaleur augmente, il en fort une fumée épaifle, chaude & fulfureufe, &
enfin de la flamme. L'opération fi-
nie, on trouve une chaux brune,
noire, fine; en l'arrofant d'eau, on
tire du fer une efpèce de vitriol, très-
reffemblant à ce vitriol de Mars,
qu'on prépare ordinairement avec de
l'huile de vitriol. Si l'on prend une
quantité affez confidérable de ces
deux foffiles, 25 livres de fer par
exemple, & autant de foufre, & qu'on
faffe de tout cela une pâte avec de
l'eau, & qu'on l'énterre à la profondeur d'un pied, au bout de 8 heures
la terre qui eft au-deffus, commence
à s'enfler; il en fort des vapeurs fou-
frées, chaudes, & enfin de la flamme. De cette façon l'on peut produire
un véritable feu fouterrain. Voyez
Hift. de l'Acad. Roi. des Sc. 1700.
pag. 52. *Mem.* pag. 101. Comme le
foufre eft une huile inflammable coa-
gulée avec l'acide le plus fort, favoir
l'huile de vitriol; & comme le fer eft
un métal qui fe diffoud toujours dans
l'acide de vitriol, en produifant une
très-grande chaleur; il femble que

quand ces deux corps, broyez ensemble & réduits en petites particules,
viennent à se joindre étroitement, &
en plusieurs endroits, & cela par le
moyen de l'eau qui les unit plus fortement encore l'un à l'aute ; il semble
alors, dis-je, que l'acide du soufre
commence à travailler sur le fer en le
rongeant, & qu'il excite ainsi de la
chaleur comme à son ordinaire ; cette chaleur augmentant de moment
à autre, cette solution augmente
aussi, & par là même toute la masse
devient chaude de plus en plus ; ce
qui fait enfin sortir de la flamme en
partie de l'huile du soufre qui se trouve dégagé de son acide, qui est passé
dans le fer, & en partie des vapeurs
qui s'élevent du fer, dissout par l'huile acide du soufre, & qui font très-
inflammables, comme on peut le voir
dans l'endroit cité, & dans Hoffman.
Observ. Phys. Chym. p. 153, où l'on
trouvera la chose confirmée par cette
autre expérience. Mettez dans une
phiole de médiocre capacité, & dont
le cou soit coupé, trois onces d'huile
de vitriol ; mêlez-y douze onces
d'eau ; exposez cette phiole à une

chaleur moderée ; jettez-y à diverses reprifes, une demi once ou une
once de limaille de fer ; il s'en élevera
une vapeur blanche, qui fortant par
l'ouverture de la phiole , répandra
une odeur foufrée qui tiendra de celle
de l'ail ; fi l'on en approche une chandelle, elle prendra feu tout d'un coup,
& la flamme étant attirée & réflechie
avec violence au dedans de la phiole,
elle y produira des effets très-finguliers : deforte que la matiére qui forme cette fumée , reffemble parfaitement à de l'alcohol que le feu a réduit
en vapeurs. Voilà donc encore une
nouvelle maniére d'exciter du feu
avec une matiere froide, qui n'eft nullement inflammable , & cela par le
moyen de l'eau. Je fuis fort porté à
croire qu'il y a plufieurs autres méthodes de produire le même effet, inconnues jufqu'à préfent, mais qu'on
découvrira peut-être dans la fuite. Le
foin humide, mis en monceaux , nous
fournit un exemple tout femblable.

Du Feu produit par le mélange de liqueurs froides.

Mettez dans une cornue, bien nette & séche, une demi-livre de Nitre très pur, très sec, & réduit en poudre : mêlez y une égale quantité d'huile de vitriol rectifiée & bien déphlegmée : faites distiller ce mélange à un feu de sable doux, & soutenu pendant longtems ; vous ferez monter par-là des vapeurs jaunes, qui, condensées dans un récipient sec & net, vous donneront une liqueur, qui est l'esprit de nitre de Glauber. Si vous mettez dans un vaisseau de verre, un gros d'huile distillée de clous de Girofle, de bois de Sassafras, de Térebenthine, de semences de carvi, & que vous y mêliez un gros, ou un gros & demi de cet esprit de nitre de Glauber, il s'élevera une violente flamme du mélange de ces liqueurs, qui étoient froides avant que d'être mêlées. C'est là encore une expérience très-singuliére, & d'une grande utilité dans la Chymie : elle nous fait voir des liqueurs froides,

qui produisent en un instant une flamme très-vive, qui consume presque
entiérement les deux liqueurs, & qui
ne laisse que quelque peu de matiére
résineuse au lieu de cendres. Elle nous
prouve encore, que les plus forts acides mêlés avec des huiles, qui sont
impregnées d'une grande quantité
d'esprit recteur, forment une matiére
très-ressemblante au soufre, & qui
s'enflamme fort aisément. Voyez *Bor-
rich. Act. Hafn. 167. Hoffmann. Obs.
Phys. Chym. 35---38. 112---115.
Slare. Philos. Transf. n. 150. p. 291.*

De la nature du Feu élé-mentaire. Il est corporel.
1. Parce qu'il est étendu.

Si nous examinons à présent attentivement ce qui a été dit ci-devant,
nous pourrons peut être porter quelque jugement assez certain sur la nature du feu. Premiérement donc il est
constant que le véritable feu élémentaire est un corps ; puisque par ce mot
nous entendons tous une chose qui
peut être mesurée géométriquement
par trois lignes perpendiculaires l'une
à l'autre tirées d'un même centre, ou,
comme on s'exprime à présent, une
chose étendue. Tout ce qui a paru
dans les expériences précédentes comme feu, a toujours été étendu. Car

ayez une boule ſolide d'argent, ſuſ-
pendue à un fil, & preſque rougie au
feu ; plongez-là lentement dans de
l'eau froide, en la ſecouant le moins
qu'il ſera poſſible ; le feu de cette boule ſe répandra inſenſiblement dans
tous les eſpaces meſurables de cette
eau ; il échauffera d'abord le plus les
parties voiſines, & enſuite les autres
à proportion de leur éloignement, &
de cette maniere il s'étendra véritablement. Les Thermométres placés
dans cette eau à différentes diſtances
de la boule, indiqueront les divers dégrés du feu répandu dans cette eau,
ou dans l'eſpace qu'elle occupe ; cela
prouve donc que le feu ſe mêle avec
les corps, ou avec l'eſpace, & que
par conſéquent il eſt véritablement
étendu. Toute l'hiſtoire du feu, qui a
été rapportée juſqu'à préſent, démontre ſon étendue auſſi ſolidement
qu'on peut démontrer celle de l'eſpace ou des corps qui y ſont conte-
nus.

Une autre propriété commune à
tous les corps qui ſont connus, c'eſt
que tout corps peut exiſter ſucceſſivement dans le lieu qui eſt le plus voiſin

2. Parce qu'il
eſt ſuſceptible
de mouve-
ment & de
repos.

de celui qu'il occupe actuellement ;
& qu'ainsi il peut réellement se mouvoir, & cela en différentes maniéres ;
car ou il tourne sur son axe de façon
que toutes ses parties prises ensemble
restent dans le même, quoiqu'aucune
d'elles, considérée séparément, ne
demeure dans la même place où elle
étoit auparavant ; ou toute la masse,
formée par l'union de ses parties,
abandonne l'endroit qu'elle occupoit
pour passer dans l'endroit voisin, &
continue de se mouvoir ainsi ; ou enfin ces deux mouvemens ont lieu en
même tems. Or toutes les expériences
précédentes nous ont fait voir que le
feu se mouvoit de cette maniére ; il
n'y en a eu aucune qui ne nous ait rendu sensible le véritable mouvement
physique dont il est agité. Il n'est
donc pas néccssaire de s'arrêter plus
longtems à le prouver. Mais la mobilité est tellement liée dans les corps
avec la faculté de rester en repos,
qu'on ne sauroit nier qu'un corps qui
existe pendant un moment dans un
certain espace, ne puisse être conçu
comme y restant pendant deux mo-
mens ; & c'est-là rester en repos. Or

comme tous les effets, que produit le
feu par son mouvement, peuvent toujours être augmentés ou diminués; il
ne paroît pas qu'il y ait aucune absur-
dité à dire, que le feu peut aussi rester
dans un repos parfait, de même que
tous les autres corps.

Une troisiéme propriété, & qui est
particuliére au corps seul, c'est que
tout corps solide entant que tel, exis-
tant dans un certain espace, s'oppose
avec une force infinie, à ce qu'un autre corps semblable n'existe en même
tems avec lui dans l'espace qu'il occupe. C'est ce qu'on appelle resistan-
ce, ou impénétrabilité. Démocrite
donnoit à cette propriété un nom très-
significatif ; il l'appelloit ἀντιτυπία,
ou repercussion ; car je ne crois pas
que par l'impénétrabilité d'un corps,
nous entendions autre chose que la
repercussion qu'éprouve un corps qui
tend à s'emparer d'une place déja oc-
cupée par un autre. Mais certainement, si cette repercussion a lieu dans
quelque corps, c'est dans le feu sur-
tout qu'elle se manifeste. Il meut, &
il change tous les corps, même les plus
solides, desorte que jusques ici on

n'en connoît aucun à qui il ne caufe quelque changement dans fes parties folides, & à qui il ne communique un mouvement, capable de le tranfporter avec impétuofité dans un autre endroit. Il y a plus ; fi nous confidérons que le véritable feu pur & élémentaire dirigé & tombant fur certains corps, en eft repouffé, ou refléchi de façon qu'il rejaillit du côté oppofé avec une telle violence qu'il meut tout ce qui eft en fon chemin, alors nous voyons dans le feu une vraie répercuffion, & nous trouvons qu'à cet égard il eft de la même nature que les corps. Si des rayons de feu, par exemple, déterminés par l'action du Soleil, tombent fur le miroir de Villette, lorfqu'il eft très-froid, & par-là même très-élaftique ou très-refléchiffant, ils font refléchis de maniére qu'on peut prefque en calculer la quantité, quand on connoît l'ouverture du miroir, & ils font réunis en un foyer où ils donnent des preuves d'une très-grande force corporelle ; force qui fait voir clairement que le feu réfifte lorfqu'il fe meut. Cet argument eft plus convainquant encore, si l'on fait cette remarque ; c'est que si ce miroir est fort échauffé, & par-là même s'il est plus dilaté, plus lâche, moins élastique & moins réfléchissant, les rayons de feu qui sont repoussés, se réunissent toujours en moindre quantité dans le foyer, à proportion que le miroir est alors moins dur. Cela me paroît encore prouver que le feu est corporel, & qu'il résiste ; puisqu'il est réfléchi par les corps sur lesquels il tombe. Il faut encore remarquer ici, que si l'on augmente la force des rayons de feu, en les réunissant étroitement, jusqu'à ce qu'ils puissent fondre le métal dont le miroir est fait, il ne se produit alors aucune réflexion, mais le feu, plus fort que le miroir, détruit ce dernier : preuve évidente, que cette réflexion n'a lieu que parce qu'un corps est repoussé par un autre. Ajoûtons encore, que le feu élémentaire le plus pur, réuni & dirigé par les verres de Tschirnhaus sur l'éguille d'une Boussole, fait tourner cette éguille sur son pivot, au moment qu'elle est exposée à l'action de son foyer. C'est à dire, que cette éguille de fer est véritablement mife en mouvement par une percuſſion corporelle. Or cette per-cuſſion, qui ſe fait ſur un corps im-pénétrable, nous apprend que ce qui l'occaſionne eſt auſſi quelque choſe d'impénétrable & de réſiſtant. Le feu élémentaire eſt donc véritablement corporel ; chacun de ſes élémens eſt auſſi compoſé de différentes parties unies enſemble ; & il eſt aſſez vraiſem-blable qu'aucun pouvoir naturel ne ſauroit les décompoſer en parties plus petites, ni même changer leur figure. Ce merveilleux élément eſt donc im-muable, quoiqu'il change tous les au-tres corps. Mais il n'eſt pas encore auſſi certain, qu'on ſe l'imagine com-munément, que le feu ait une autre propriété, que les plus grands Philo-ſophes de notre ſiécle attribuent à tous les corps ſans exception ; je veux dire qu'il ait une peſanteur propor-tionnelle à ſa ſolidité. Quand je reflé-chis avec attention ſur toute l'hiſtoire du feu, je ſuis fort porté à croire qu'il ne tend pas plus vers le centre de la Terre, que vers tout autre point ; qu'il n'a par lui-même aucune déter-mination particulaire, ni aucune affection pour un lieu, ou pour un corps, plutôt que pour un autre. On peut le déterminer fans aucune réfiftance indifféremment de tout côté. Il exifte par tout. Si aucune caufe étrangére ne l'en empêche, il fe répand dans tout l'Univers, & même par tout en égale quantité, & avec la même force. Tout cela, fi je ne me trompe, a été démontré ci-devant par des expériences.

Mais en fecond lieu, les élémens du feu, que leur première propriété nous doit faire regarder comme corporels; ces élémens, dis-je, paroiffent être les plus petits de tous les corps qui nous foient connus. Car s'ils font véritablement corporels, il faut néceffairement qu'ils foient très-fubtils; puifqu'ils s'infinuent très-aifément dans tous les corps, même les plus denfes, & que traverfant toute leur maffe, ils agiffent dans toutes leurs parties pénétrables. Si l'on avoit une très-grande boule d'or maffif, & qu'on l'expofât pendant affez long-tems à l'action du feu, elle pourroit être pénétrée par ce feu, de façon que toute fa fubftance en deviendroit

rouge ; & fi alors on la partageoit en
deux hémifphères, on trouveroit de
la lumiere, de la chaleur, & toutes
les autres propriétés connues du feu,
dans chaque point de fa fubftance in-
térieure. Ces élémens font même fi
fubtils, que nous ne connoiffons aucun corps, qui foit affez compacte,
affez exempt de pores, affez denfe &
affez épais, pour ne pas accorder un
libre paffage au feu. Nous pouvons
empêcher tous les autres corps qui
font connus, de paffer en aucune maniere par les pores de certains corps.
Nous voyons tous les jours, par
exemple, que l'air, l'eau, les efprits,
les fels, les huiles, & toute autre forte de corps, ne fauroient entrer dans
une phiole fcellée hermétiquement,
ou en fortir lorfqu'une fois ils y ont
été renfermés : le feu feul y entre &
en fort très-librement : lui feul en en-
trant & en fortant produit tous les
effets qui lui font propres. Je conviens
à la vérité que la caufe de la gravité,
& la force magnétique, paffent auffi
à travers tous les corps, en confervant toute leur activité. Mais il n'eft
pas décidé que leur action dépende

d'une émanation de corpuscules, &
non pas de quelque autre cause qui
nous est inconnue. J'avoue encore,
que la cause de la gravité, & la vertu
magnétique, traversent, en un moment, & presque sans y employer aucun tems, tous les corps, & cela en
conservant toute leur force; au lieu
que le feu a besoin d'un tems assez
long pour traverser des corps bien
épais. Mais cela nous prouve plus
clairement encore que le feu est corporel, & nous porte à croire qu'il
n'en est pas de même des deux autres
choses dont il s'agit. Voilà pourquoi
j'ai dit que les élémens du feu, sont
les plus petits de tous les corps qui
nous sont connus, & que tous les
hommes regardent comme de véritables corps. Car je suis obligé d'avouer
que j'ignore, si Dieu n'a point créé
dans le Monde corporel des corpuscules, plus subtils encore que les élémens du feu. Tout ce que je prétend,
c'est qu'il ne tombe sous nos sens aucun effet physique, d'où nous de-
vions conclure, qu'il y a des corps
plus petits que le feu. La solidité de
l'or nous fournit encore une nouvelle

preuve de la prodigieuse subtilité des élémens ignées : un seul grain de ce métal peut s'étendre sur un lingot d'argent, de façon que l'épaisseur de la lame d'or ne soit que $\frac{1}{1050000}$ d'une ligne (*Acad. Roi. des Scienc.* 1713. 10), & cela sans qu'on y puisse remarquer aucun pore, même à l'aide des meilleurs Microscopes. Il y a plus : si l'on oppose aux rayons solaires, qui entrent dans une chambre obscure, une feuille d'or, quelque mince qu'elle soit, elle n'accorde pas même un libre passage à la lumiére, on apperçoit seulement à travers quelque lueur tirant sur le verd. Cependant un grand ou un petit feu, n'importe quel, peut s'insinuer dans toute la substance d'une très-grande boule d'or massif. Car si durant un grand froid, on expose pendant quelque tems une telle boule à l'air, elle contractera dans toute sa masse une temperature égale à celle de l'air, c'est-à-dire, qu'elle acquerra un dégré de feu égal à celui qui est dans l'air. Si ensuite on la met dans un feu violent, jusqu'à ce qu'elle soit entiérement rouge & sur le point de se fondre, elle contiendra alors une très-grande quantité de feu répandu dans toute sa substance. Mais tout ce feu s'échappe de cette boule, qui revient bientôt à la temperature de l'air. Cela nous fait voir que le peu de feu qui est dans ce liquide si subtil, je veux dire dans l'air, peut aussi bien s'insinuer dans toute la substance de l'or, en passant par ses pores, que le plus grand feu d'une fournaise ardente. Or si les pores d'une fine feuille d'or sont si petits, que doit-on penser de ceux d'une grosse masse de ce même métal, qui est cependant entiérement pénétrée de feu? Car sûrement quand on dit qu'un corps devient chaud ou froid, c'est précisément comme si l'on disoit, qu'il reçoit du feu en plus ou moins grande quantité. Je crois qu'en voilà assez pour prouver la prodigieuse subtilité du feu ; elle paroîtra cependant encore infiniment plus grande, s'il est vrai que la matiére de la lumiere & des couleurs soit la même que celle du feu. Car si l'on a une chambre parfaitement obscure, & qui ne reçoive de lumiére que par un seul petit trou, pratiqué dans un des côtés ; & qu'un homme qui a les yeux bien difposés, après avoir été quelque tems dans les ténèbres, fe place dans la partie obfcure de la chambre, vis-à-vis de ce trou ; il verra très diftinctement tous les objets pofés au dehors, par le moyen des rayons de feu déterminés & diftincts, qui partent de chacun des points vifibles de tous ces différens objets, & qui paffent tous par ce petit trou, fans aucune confufion. Or fi l'on refléchit fur le nombre de points qui fe voyent dans tout cet efpace, où la vûe peut alors s'étendre ; fi l'on confidere que chacun de ces points n'eft apperçû que par les rayons qu'il renvoye ; on aura l'idée d'une fubtilité qui épouvante l'imagination. Si l'on réunit avec un verre convexe tous ces rayons, & qu'on les faffe enfuite tomber fur un papier blanc, placé à une diftance convenable au-dedans de la chambre, on verra tous les objets, repréfentés affez en grand & très-diftinctement fur ce papier, c'eft-à-dire, que tous les rayons tomberont deffus, & que par conféquent tout ce feu, qui fuivant la fuppofition part en fi grande

quantité de tant d'objets différens,
peut se réunir assez pour passer librement par une si petite ouverture. Cela suffit donc pour nous démontrer
que les élémens du feu sont infiniment
plus subtils que tout ce que nous pouvons concevoir.

Il paroît, en troisiéme lieu, que *Ils sont aussi très-solides.*
ces corpuscules qui composent les
plus petits élémens du feu, sont peut-
être les plus solides de tous les corps.
On comprend aisément, je pense, ce
que je veux dire par-là : car par le mot
de solide, je n'entend qu'une chose
étendue qui résiste infiniment ; & pour
mieux éclaicir ma pensée, je dois
ajoûter que par l'espace, j'entend une
étendue qui admet, & qui donne passage aux corps solides. Ainsi un solide, dans le sens le plus absolu, est un
Etre étendu, où il n'y a aucun tel espace pénétrable, mais qui est parfaitement impénétrable dans toute son
étendue, & dans chacun de ses points.
Si donc une masse étendue est composée de diverses particules véritablement solides, mais tellement jointes
ensemble qu'elles laissent entr'elles de
petits espaces vuides, qui ne renfer-

ment rien de folide ; il paroît alors clairement que cette maffe eft en partie corps, & qu'en partie elle contient du vuide. Il paroît auffi de·là que les plus petits élémens de tous les corps doivent être très - folides, mais que quand ils viennent à fe joindre pour former une feule maffe, ils ne fe touchent pas dans tous leurs points, & qu'ainfi ils laiffent plufieurs vuides dans le corps qu'ils compofent. Toute maffe compofée fera, par conféquent, toujours pleine de pores,& par-là même moins folide que les plus petits élémens dont elle eft formée, confidérés féparément ; auffi pourra-t'elle plus facilement être féparée ou divifée en parties. Les derniers élémens ne paroiffent prefque avoir aucun pore ; on doit donc les regarder comme très-folides, & il eft vraifemblable qu'ils ne peuvent pas être divifés par d'autres corps, mais qu'ils demeurent conftamment les mêmes. Or comme il a été démontré que le feu eft compofé de corpufcules très-petits ; s'il y a des pores dans ces corpufcules, ils feront en très-petite quantité, & ces corpufcules feront les plus folides de tous ceux qui font connus. Et comme la fubftance impénétrable eft réellement la fubftance même corporelle, peut-être que toute fubftance véritablement corporelle, confidérée comme telle, eft liée par une force infinie, & que rien ne pourroit la divifer : & quant à une maffe formée par l'affemblage de diverfes parties de cette fubftance, qui laiffent entr'elles des vuides, peut-être n'eft-elle divifible qu'à caufe des pores vuides qu'elle a. Suivant cette doctrine le feu fera donc entierement corporel, immuable, incapable de fouffrir aucun changement dans fa figure, & de fe coaguler avec lui-même, ou avec quelqu'autre corps : cependant il aura à un très-haut dégré le pouvoir de divifer les autres corps, parce qu'il peut toujours entrer dans leurs pores, y déployer fa force, féparer les parties & les filamens liés enfemble, & réduire ainfi une maffe en fes élémens, ou en difpofer tellement les particules élémentaires, qu'il puiffe traverfer librement par fes pores, & fuivant quelque direction que ce foit : on en a un exemple dans l'or, que le feu réduit en fusion, sans lui causer presque aucun autre changement. Mais si le feu, quelque subtil & solide qu'il soit, vient à être appliqué aux élémens parfaitement solides des autres corps, il y a apparence que tout le changement qu'il leur cause se réduit à les mettre en mouvement par une attraction ou une répulsion mécanique : c'est à cela que se borne toute sa force ; & la chose est confirmée par un grand nombre d'expériences de tout genre. A l'égard de cette propriété, le feu est ce qui produit le plus de changement dans l'Univers, quoiqu'il soit lui-même la chose la plus immuable qui nous soit connue.

Très-polis,   Nous croyons, en quatriéme lieu, que ces élémens corporels, très-petits, & très-solides du feu, ont une surface très-unie ou très-polie ; & par-là nous entendons une surface qui n'a aucune éminence dans toute son étendue, ni aucun enfoncement. Car si sa surface étoit hérissée ou raboteuse en quelque endroit, les points les plus élevés seroient plus exposés que le reste à frapper contre les corps qu'ils rencontreroient ; ainsi toutes les

fois que le feu agiroit , soit sur ses
propres élémens , soit sur d'autres
corps , celles de ses parties qui seroient le moins adhérentes au tout ,
auroient le plus d'effort à soutenir , &
il semble qu'elles devroient continuellement être limées & emportées : ainsi
les élémens du feu , & par conséquent
le feu lui-même , seroient sujets à un
changement perpétuel; ce qui ne s'accorde pas avec ce qui a été dit ci-
devant. La grande solidité du feu ,
semble aussi demander qu'il ait une figure dans laquelle toutes ses parties
soient rangées de façon que leur différentes couches soient également éloi-
gnées de leur centre dans tous leurs
points : c'est-là la forme la moins al-
térable , & celle qui résiste le plus à
toute transposition de parties. Si l'on
fait encore attention à la facilité avec
laquelle le feu pénetre dans tous les
pores de toutes sortes de corps , &
cela en quelque sens que ce soit , on
comprendra que sa surface doit être
telle qu'il puisse passer par tout , sans
que rien l'embarasse : or cela ne pourroit pas être , si cette surface étoit hérissée de petits crochets , de petites

pointes, ou de quelque espece de du-
vet. Et encore , lorsque nous voyons
que des rayons de feu , qui entrent en
si grande quantité, & cependant si
distincts, dans une chambre obscure,
passent par un petit trou , sans se mêler & sans s'embarrasser les uns dans
les autres ; pouvons nous , dis-je , convenir que les points dans lesquels ils
se touchent, ne doivent être extrêmement unis & polis, pour qu'ils ne s'ac-
crochent pas les uns aux autres. Enfin, cette réflexion & cette réfraction
si promptes des parties de la lumiére,
qui ont constamment lieu & qui ré-
pondent si bien à l'effet d'une figure
parfaitement sphérique , nous portent
aussi à croire que les élémens du feu
pur ont réellement cette figure. Il
semble donc que nous sommes en
droit de conclure de tout cela , que
les plus petites parties constituantes
du feu, sont des petites sphères très-
polies.

Très sim-
ple.   Toute l'Histoire du feu nous prouve, en cinquiéme lieu, sa parfaite sim-
plicité. Par ce mot en entend l'état de
ces corps, dont chaque particule est
précisément de la même nature que

le tout : appliqué ici, il défigneroit
que le feu eft tel, que chacun de fes
élémens, confidéré féparément, n'eft
qu'une maffe parfaitement corporelle,
fans aucun pore ; & que chacune de
fes parties reffemble entierement à
toutes les autres ; c'eft-à-dire qu'elles
font peut-être toutes de petites Sphe-
res folides, qui confidérées dans leur
état de réunion font auffi parfaitement
les mêmes. C'eft à cela donc que fe
borneroit la fimplicité du feu, qui
dépendroit fur-tout de ceci ; c'eft que
n'y ayant point daus la nature de
corpufcules plus petits que le feu, celui-ci ne fauroit être compofé d'autres parties héterogènes plus petites.
Et effectivement la prodigieufe peti-
teffe, la parfaite folidité, & la figure
fphérique des élémens du feu, fuppo-
fent néceffairement leur fimplicité.
Nous devons donc regarder le feu
comme le plus fimple de tous les corps
qui exiftent. Il eft vrai cependant,
que la doctrine du grand NEWTON
ne s'accorde pas avec cette abfolue
fimplicité du feu. Cet illuftre Philofo-
phe, qu'on peut regarder comme le
feul qui ait pouffé fes connoiffances

au de-là des bornes preſcrites à l'intelligence humaine, a trouvé, par l'a-
nalyſe qu'il a faite des rayons de feu,
qu'un ſeul de ces rayons pouvoit ſe
ſéparer en ſept autres diſtincts, &
tout-à-fait différens, non-ſeulement
par leurs couleurs, mais par la maniere dont ils ſe réfléchiſſent, auſſi
bien que par leur refrangibilité. La
diverſité qui regne entr'eux à l'égard
de ces trois propriétés, fait voir qu'ils
ſont de nature très-différente. Et cependant qu'elle n'eſt pas la fineſſe, &
la ſimplicité d'un de ces raïons ! Si
donc, après que les hommes ónt travaillé en tant de manieres différentes,
pendant pluſieurs ſiécles, & en tant
d'endroits différens, à faire connoître
la nature du feu & de la lumière, une
telle découverte étoit réſervée à notre
tems, & au ſeul NEWTON ; qui pourra fixer une borne pour les nouvelles
découvertes qui ſe feront à l'avenir
dans la Philoſophie naturelle ? Qui
déterminera ce qu'on ajoûtera dans la
ſuite aux démonſtrations Newtonien-
nes ? Il n'y a qu'un demi ſiecle que
tous les Philoſophes croyoient, qu'un
rayon de lumiere étoit ſi mince, qu'ils

s'accordoient à soutenir que relativement à son épaisseur il étoit absolument indivisible. Cependant cet incomparable Géomètre nous démontre par des expériences & des argumens sans replique, qu'un seul rayon est un faisceau formé par sept autres rayons tout-à-fait différens, appliqués les uns contre les autres suivant leur longueur, & qui peuvent se séparer; semblables en cela à sept filets de soye très-subtils & de différente couleur, qui appliqués les uns aux autres forment un seul fil, simple en apparence, mais qui peut être toujours divisé en sept autres. Et qui nous assûrera que dans la suite, par le moyen d'instrumens dioptriques, ou autres, plus parfaits, & plus artistement travaillés que ceux qu'on a eu jusqu'à présent, on ne découvrira pas encore une construction plus composée dans ces simples rayons Newtoniens ? Quoiqu'il en soit, nous ne pouvons ici qu'être pénétrés d'admiration, lorsque nous réfléchissons que le Créateur a accordée aux hommes une faculté qui les met en état, si au moins ils la cultivent avec soin, de décou-

vrir les loix qu'il a suivies dans la for-
mation de l'Univers. Nous devons
être pénétrés de vénération & de re-
connoissance envers cet Etre suprême,
de ce qu'il a bien voulu imprimer son
image dans notre ame, & la rendre
ainsi propre à comprendre, à rechercher, à aimer ce qui est vrai. Mais
pour revenir à notre sujet ; je remar-
querai que ce n'est pas encore là toute
la diversité qu'il y a dans une simple
particule de feu. Le même NEWTON
a découvert une autre différence dans
les côtés opposés d'un seul de ces
rayons simples : en observant les Phé-
nomenes de la réfraction, qui se fait
par le chystal d'Islande, il a remarqué
qu'il y avoit dans un des côtés d'un
tel rayon, une propriété différente de
celle qui se trouvoit dans l'autre côté.
Comme dans un aiman, relativement
à un autre aiman, il y a un pole qui
attire ou qui repousse, il y a une propriété analogue à celle là dans un
rayon, relativement à la substance
transparente qu'ils traversent. Ainsi,
quoique le feu soit si simple, on y remarque cependant des diversités à
trois égards. 1. Par rapport à ses sept

différentes couleurs élémentaires. 2.
Par rapport à la maniere dont il eſt
réfléchi ou rompu, maniere qui n'eſt
pas la même pour tous les rayons di-
verſement colorés. 3. Par rapport à la
maniere dont les côtés d'un même
rayon ſont différemment affectés par
ce chryſtal particulier d'Iſlande. Puis
donc qu'on remarque une ſi grande diverſité dans une Etre ſi ſimple, quelle
ne doit pas être celle qui regne dans
ceux qui ſont compoſés ? Nous obſer-
vons conſtamment que les plus petits
corps ont une très-grande conformité
avec les grands. Si cette découverte,
qui étoit réſervée au ſeul NEWTON,
étoit reſtée dans l'obſcurité, je ſuis
perſuadé qu'encore à préſent nous re-
garderions les rayons de lumiere,
comme quelque choſe d'infiniment
petit, & de parfaitement ſimple : au
lieu que nous ſommes obligés d'a-
vouer que le feu eſt à la vérité le plus
ſimple de tous les corps qui nous ſont
connus, mais de façon pourtant qu'on
y remarque une diverſité très-ſenſible
à pluſieurs égards.

Une ſixiéme propriété du feu, eſt
ſa mobilité, qui eſt ſi grande, que nous

fommes prefque fûrs qu'il n'eft jamais dans un parfait repos, en quelque endroit qu'il fe trouve. Je dois
avertir ici que par le mouvement du
feu, je n'entend pas ce mouvement
qui eft commun à tous les corps, &
qui a conftamment lieu. Il eft très-
certain qu'il n'y a abfolument aucun
corps dans l'Univers, qui foit dans
un repos parfait, même pendant un
feul moment. Les Planettes, les Co-
mètes, avec leurs Atmofphères, font
continuellement agitées par des mouvemens très-rapides. Or nous ne
connoiffons point d'autres corps que
ceux-là. Rien donc n'eft en repos en
quelque tems que ce foit; tout fe meut
très-rapidement & très-conftamment,
fuivant des Loix que le Créateur a
trouvé à propos d'établir. Mais j'attribue au feu un autre mouvement, qui
lui eft particulier, & qui ne fouffre
aucune interruption. On peut le démontrer par des obfervations très-
exactes. Prenons de l'eau froide de
33 dégrés; elle fera alors auffi froide,
qu'il eft poffible, c'eft-à-dire, qu'elle
contiendra auffi peu de feu, que de
l'eau pure peut naturellement en contenir.

tenir. Car dès qu'elle acquiert quelque peu de froid de plus, il est impossible qu'elle reste alors plus long-tems eau; elle se convertit en une substance solide qui a presque toute la dureté, la fragilité, & la transparence du verre, mais qui se fond & qui redevient eau par une chaleur de 33 dégrés; au lieu que le verre doit éprouver l'action d'un feu poussé bien au de-là de 600 dégrés, pour être réduit dans un état de fusion & de liquidité, semblable à celui de l'eau. Cela nous fait donc voir que l'eau n'est eau qu'à cause du mouvement du feu qu'elle contient; qu'elle n'est point telle de sa nature, considérée en elle-même & séparée de tout feu. Il en est de même du verre, des fossiles, des soufres, des demi-métaux, des métaux; & peut-être de tous les autres corps. Ils sont solides lorsqu'ils ne contiennent qu'un peu de feu, comme je viens de le remarquer à l'égard de la glace; mais si l'on augmente ce feu jusqu'à un certain point, alors ils se fondent d'abord, & se convertissent en une substance fluide à peu près comme l'eau; ils demandent pour cela plus

II. Partie. K

ou moins de feu, suivant que leur nature diffère. Or comme il est démontré par les expériences de Fahrenheit, que la chaleur de l'Atmosphère
a été diminuée de 32 dégrés au-dessous du point de congélation, nous
savons que dans toute l'étendue de
cette différence de 32 dégrés, le feu
a toujours été en mouvement : ce
mouvement, il est vrai, a toujours été
diminué de plus en plus, mais il n'a
jamais été entierement détruit : ce feu
donc n'a pas même été en repos, dans
le tems que tous les animaux & tous
les végétaux périssoient de froid ; par
conséquent ne sommes-nous pas auto-
risés à dire qu'il a été alors en mouvement ? Mais comme les mêmes expériences nous ont appris que l'Art a
pû encore diminuer ce feu de 40 dégrés, nous sommes à présent très-
sûrs que dans le plus grand froid que
la nature ait été en état de produire,
le feu avoit encore 40 dégrés de mouvement de plus que dans ce froid artificiel, & qu'en passant par tous ces
dégrés inférieurs il avoit le pouvoir
de tenir toujours en fusion certains
corps, qui prenoient une consistence

folide , dès qu'il diminuoit de quelque nouveau dégré : toutes les expériences que Fahrenheit a faites là-
deſſus ne nous permettent pas de douter de ce que je dis ici. Ainſi le feu
ſe meut encore conſtamment au milieu du plus grand froid, & ſon mouvement augmente de plus en plus, à
proportion que ſa chaleur augmente :
il ſe meut donc toujours. Le fameux
ROEMER a tiré de pluſieurs obſervations Aſtronomiques, qu'il a faites
pendant l'eſpace de dix ans, des con-
cluſions très-ingénieuſes touchant la
prodigieuſe vîteſſe du feu qui émane
du Soleil ſur les ſatellites de Jupiter,
& qui en eſt réfléchi juſqu'à notre
Terre : ayant communiqué ſes Obſervations à HUYGENS, celui-ci a démontré évidemment que la lumiere
parcourt dans l'eſpace d'une ſeconde
110000000 Toiſes. Voyez *Hugen. de
Lum. p. 6 & 7.* Le feu ou la lumiere
qui émane du Soleil, & qui eſt regardée comme le véritable feu élémentaire, aura donc une vîteſſe prodigieuſe, ſi elle part réellement du Soleil, & ſi tombant ſur les ſatellites de
Jupiter, elle eſt réfléchie de-là juſqu'à

nous ; ce qui semble être le sentiment des Newtoniens. Que si l'on suppose que tous les espaces par où elle doit passer, sont pleins, comme le prétendent quelques Philosophes, il faudra toujours convenir que l'action du feu lumineux, quelle qu'elle soit, se communique toujonrs avec cette même rapidité. Mais deux fameux Astronomes, Messieurs Cassini & Maraldi, ayant examiné la chose avec tout le soin possible, après des Observations très-exactes faites pendant plusieurs années, ont trouvé qu'il s'en falloit beaucoup que le sentiment de Roemer & d'Huygens fut vrai. Voyez *Memoir. de l'Ac. Roi. des Sc.* 1707. *Hist. pag.* 77. *& ibid. Mém. p.* 25. Je n'ajoûterai donc plus rien pour déterminer cette rapidité du feu, dont la connoissance dépend de questions si subtiles : il me suffit de remarquer, que moins on découvrira de succession dans la propagation de la lumiere, plus on sera sûr qu'elle se fait rapidement.

Ils ne donnent pas naissance à un nouveau Feu. Je puis sûrement conclure, en septiéme lieu, de tout ce qui a été dit, que quoique le feu élémentaire change en mille manieres différentes tous les corps qui font expofés à fon action, il ne paroît cependant pas encore par aucune expérience, qu'il faffe qu'un corps, qui ne participoit pas auparavant de la nature du feu, fe convertiffe en véritable feu élémentaire. Jufqu'à préfent donc aucune obfervation ne nous apprend que le feu puiffe fe multiplier lui-même, en convertiffant en fubftance femblable à la fienne ni en véritable feu, ce qui lui fert d'aliment, ou tout autre corps. Au moins eft-il fûr que plus nous examinons de jour en jour tous les effets du véritable feu, moins nous trouvons de raifons qui nous démontrent qu'il ait ce pouvoir, ou que les autres corps foient fufceptibles d'un tel changement. Nous pouvons auffi conclure de ceci, que fi le feu ne peut pas produire du feu avec quelqu'autre matiere que ce foit, il ne peut pas être produit non plus par aucun autre corps. Car quelle action pourroit produire du feu avec un corps qui n'eft pas feu, fi le feu lui-même n'a pas ce pouvoir. Nous ne voyons fûrement rien dans le monde, excepté

K iij

lui, qui puiſſe lui être comparé quant à l'efficace néceſſaire pour cela. Il paroît être le moteur univerſel, de qui tous les corps fluides, & peut-être la plus grande partie des ſolides, reçoivent lueur mouvement : jamais il ne naît, il n'eſt reproduit, & il n'eſt reſſuſcité : ſeulement il lui arrive de ſe manifeſter là, où auparavant il n'étoit pas ſenſible.

Puis donc que nous avons lieu d'être perſuadés de la vérité de tout ce qui vient d'être dit, nous pouvons aſſurer avec fondement que le Feu élémentaire eſt le même par tout dans tous les corps qu'il échauffe, de quelque façon qu'il ait été produit, quel que ſoit l'aliment qui le nourriſſe & la maniere dont il eſt entretenu. C'eſt donc ſans raiſon que les Chymiſtes ſe plaignent de ne pouvoir pas employer le Feu pur dans leurs ſubtiles opérations pour leſquelles ils croyent avoir beſoin du Feu le plus pur, du Feu des aſtres, du Feu céleſte, ſolaire, élémentaire & incorruptible. S'ils avoient fait attention à tout ce qui précéde, ils ne ſe ſeroient pas inquiétés pour une

chofe ainfi inutile. Car toute la chaleur qui eft produite dans les corps
des animaux, des végétaux & des
foffiles, vient toujours & uniquement
de ce même Feu ; & quand il péné-
tre dans la cavité d'un vafe en traverfant le verre, il y produit précifément les mêmes effets qu'y produiroient les plus purs rayons folaires ,
& il eft auffi pur qu'eux. La chaleur
de l'alcohol allumé , & celle des charbons foffiles agiffant fur quelque
matiere renfermée dans un vafe de
verre bien net & fcellé hermétiquement, produifent auffi toujours le
même effet, fi elles font pouffées au
même dégré, & fi on les applique de
la même maniere. Bien plus, fi le
Feu, qui a été produit par la putréfaction de quelque corps corrompu,
paffe à travers un verre épais, il eft
auffi pur, auffi fimple, auffi exempt
de mêlange, que s'il devoit fon origine au Soleil dans le tems le plus fe-
rein. La chaleur donc qui doit fa
naiffance à la pourriture, à la fermentation , à la putréfaction des excrémens des animaux, eft la même que
tout autre chaleur, fi on ne la confi-
K iij

dere qu'entant que feu. Ainsi je ne vois pas la raifon de la préférence qu'on donne à la chaleur du fumier de cheval par deffus tout autre chaleur du même dégré & appliquée de la même maniere. Par conféquent, il n'y a qu'un feul & même Feu dans la nature. Le Feu élémentaire & le Feu artificiel ne différent jamais l'un de l'autre.

Le Feu ordinaire eft auffi le même, excepté qu'il eft mêlé avec d'autres corps.

On ne doit cependant pas étendre ce que je dis ici au Feu ordinaire de nos foyers; celui-ci eft mêlé de toutes fortes de corps qui y voltigent de tout côté. Ces corps, fuivant qu'ils font de nature différente, ou fuivant les changemens que le Feu opére fur eux, agiffent fur les autres corps expofés à leur action, tout autrement que ne feroient les rayons folaires réunis par un verre ou par un miroir ardent. Ils agiffent auffi fort différemment les uns des autres, fuivant qu'ils ont des propriétés différentes. Mais alors cette variété d'action ne dépend pas du Feu, entant que Feu; mais elle dépend & du Feu & des Corpufcules dont il eft mêlé; ces Corpufcules produifent certainement un très-grand nombre d'effets variés qu'on attribue mal-à-propos à quelque diversité dans le Feu qui est constamment le même. Ajoûtons encore que le Feu agit différemment sur les corps, suivant qu'il est soutenu par différens alimens, de la maniere dont il a été parlé ci-devant. Les alimens le rendent ou plus fort ou plus foible, ou ils font tels que leurs particules emportées & agitées par le Feu, se mêlent plus ou moins avec les corps sur lesquels il travaille.

A cet égard donc le Feu, qui passe *Feu fait avec* pour le plus pur, est celui qui est ex- *de l'Alcohol,* cité & nourri par de l'Alcohol enflammé ; c'est celui qui insinue le moins de particules combustibles dans les corps exposés à son action, & qui par là même leur communique le moins d'impuretés.

Le Feu le plus pur après celui-là, *avec des hui-* est celui qui est nourri par des huiles, *les très-pures.* qui ont été souvent distillées, par des huiles sur-tout qui ont été distillées après avoir été mêlées avec quelque sel Alcali fixe, & qui par là ont été rendues très-fines, très-simples, subtiles & limpides comme l'Alcohol.

K v

Ici il faut rapporter le Naphte & le Pétrole, où les mêmes propriétés dominent.

Le Feu, qui occupe le troisiéme rang par sa pureté, est celui des charbons de bois bien préparés. Ensuite c'est celui du bois pur ; & après celui-là vient le Feu qui est fait de tourbes. Et il faut remarquer qu'il y a deux sortes de tourbes ; les unes se trouvent dans les bruyéres dont on enleve la surface qui fournit au Feu un aliment assez pur : les autres se font avec une espéce de limon humide, noir, gras, qu'on tire des tourbieres, qu'on séche ensuite au soleil, & qu'on partage en parallélepipedes : ces tourbes font un beau Feu, un Feu sain & tranquille, dont l'illustre Boyle faisoit beaucoup de cas.

Le charbon de cette derniere espece de tourbes, qu'on a bien préparé en le pénétrant de Feu dans toute sa substance, jusqu'à ce qu'il ne donnât plus de fumée sensible & qu'alors on a éteint ; ce charbon, dis-je, lorsqu'il est sec, prend Feu très-aisément & est fort propre à plusieurs usages, parce qu'il ne donne ni fu-

méc, ni mauvaise odeur; & parce
qu'une fois allumé il conserve son Feu
très-long-tems, & produit une chaleur très uniforme.

Il faut encore rapporter à ces ali- *avec du charbon fossile.*
mens composés du Feu, les charbons
fossiles, formés par une huile fossile,
semblable au Naphte ou au Pétrole,
& par une matiere qui se vitrifie.

On doit enfin ranger ici les excré- *avec du Fumier.*
mens séchés de certains animaux.
Ainsi il faut attribuer à cette seule diversité d'alimens cette grande variété
qu'on observe dans les effets physiques du Feu. On pourroit démontrer
cela par plusieurs Expériences : il suffira d'en citer une ou deux. Le bois
ou les tourbes, exposées en plein air
à l'action d'un Feu ouvert, donnent
une vapeur qui n'est pas fort dange-
reuse, mais qui fait mal aux yeux &
qui excite la toux; si on convertit
l'une ou l'autre de ces matieres en
charbons, de la façon qu'il a été dit;
& si après que ces charbons sont bien
secs, on les allume, il s'en exhale
alors une fumée subtile & invisible,
qui tue très-subitement toutes sortes
d'animaux dans un lieu renfermé; &

K vj

cela avec des circonstances très-sin-
gulieres. On en a fait l'Expérience,
en mettant des animaux sous un grand
récipient d'où on avoit tiré l'air,
mais de sorte pourtant qu'il en restoit
assez pour que les animaux y pussent
vivre encore quelque tems. On y lais-
sa ensuite entrer de l'air qu'on faisoit
passer à travers des charbons encore
fumants, mis dans un entonnoir : les
animaux n'en mouroient point. Mais
dès qu'on fit passer l'air à travers des
charbons bien embrasés, alors les
animaux étoient suffoqués & périssoient très-promptement. L'air communique au Feu une force singuliere,
qui est rendue sensible par une Expérience que rapporte Acosta, Ecrivain fameux qui nous a donné une
histoire de l'Amérique. Il nous apprend que l'argent natif, qui se tire
des riches mines du Pérou, ne peut
pas se fondre, lorsqu'il est encore
adhérent à sa glebe, par le plus violent Feu qu'on puisse exciter avec de
très-grands soufflets, mais qu'il se
fond aisément & promptement si on
l'expose à l'action d'un Feu allumé
par un vent qu'on excite en faisant

tomber avec rapidité de l'eau froide, & qu'on dirige avec violence fur le Feu par le moyen d'inftrumens propres à cet effet. Ces exemples, & plufieurs autres qu'on pourroit citer, nous font voir clairement combien il eft néceffaire de faire attention à tout, lorfqu'il s'agit de rechercher quelle eft l'action du Feu fur les corps : puifque les plus petites circonftances la changent fi confidérablement. Avant que de terminer cette hiftoire du Feu, il nous refte encore à examiner certaines chofes qui en font partie, & qui font d'un très-grand ufage en Chymie.

La premiere remarque que je fais, c'eft que nous ne devons pas nous laiffer entraîner à un fentiment qui eft très-commun, mais qui n'en eft pas moins faux, fçavoir que le Feu eft un diffolvant univerfel ; je conviens qu'il diffout plufieurs corps, mais je nie qu'il les diffolve tous. Et même il agit différemment fur le même objet, fuivant qu'il eft appliqué en différens dégrés. Un Feu doux, par exemple, & qu'on augmente infenfiblement, change, au bout d'un tems affez long,

du Mercure contenu dans une bouteille de verre, en une poudre fixe
en quelque maniere, de couleur variée, & qui ne peut presque pas se
mêler avec aucune liqueur. Mais si
dès le commencement on employe
un aussi grand Feu que celui qu'on
excite à la fin du procédé précédent,
alors tout ce Mercure s'exhale en
très-peu de tems. Et encore, si l'on
expose subitement à l'action d'un Feu
violent ce mercure rendu fixe par un
Feu lent & augmenté par dégrés, il
devient aussi entierement volatil : de
sorte que le Feu poussé jusqu'à un certain dégré détruit ce qu'il avoit fait
étant à un dégré différent.

Ni pur.　　　Remarquons en second lieu, que
le Feu n'est pas non plus un dissolvant
pur, puisqu'il ôte aux corps des particules qu'ils avoient auparavant, &
qu'en même tems il leur en donne
d'autres qu'ils navoient pas. Rien
n'est plus aisé que de prouver ce que
je dis ici. L'antimoine exposé & calciné au foyer d'un verre ou d'un miroir ardent, donne une très-grande
quantité de fumée, & cependant il
s'y mêle plusieurs autres corps qui

augmentent fa maffe. Si l'on convertit de même maniere le plomb en minium, il en fort auffi une prodigieufe
quantité de vapeurs très-nuifibles,
& cependant fon poids augmente
confidérablement. La même chofe a
lieu à l'égard du corail calciné à un
Feu violent & foutenu pendant long-
tems. Le mercure bien purifié avec
des métaux, fuivant une méthode
particuliere, & expofé dans une bouteille de verre à un feu fur lequel on
le laiffe long-tems en digeftion, fe
change en une poudre fixe & en quelques particules de véritable métal, &
cependant fon poids devient plus
grand.

En troifiéme lieu, le feu ne produit rien de nouveau fur certains
corps, auxquels il ne caufe prefque
aucun changement. Le feu feul, de
quelque maniére qu'on l'applique, ne
fauroit féparer en leurs élémens, ni
convertir en d'autres corps, l'or, l'argent, l'ofteocle, le verre, la félenite,
le talc, le fable vierge. Voyez *Van-
Helmont* en divers endroits de fes Ouvrages, & *Boyle* dans fon *Sceptical
Chymift.* depuis la page 10 jufqu'à la
33.

En quatriéme lieu, on trouve par tout plusieurs corps qu'on ne sauroit séparer en parties de différente espece, par le moyen du feu, de quelque façon qu'il soit appliqué : quoique cependant on soit certain qu'ils sont composés de corpuscules tout-à-fait différens les uns des autres, & qu'on puisse même les resoudre aisément en divers principes, à l'aide d'autres instruments. Il y a déja long-tems que des Auteurs fameux ont parlé de cette sorte de corps : il est à propos que j'en rapporte ici quelques exemples. L'or, l'argent & le cuivre, fondus & mêlés ensemble, forment une masse qui ne peut être que très-difficilement décomposée en ces trois métaux par la force du feu. Si suivant les regles de l'Art, vous exposez cette masse dans un fourneau d'Essayeurs, à l'action du feu, avec vingt fois autant de bon plomb, vous en séparerez exactement & en assez peu de tems tout le cuivre ; mais il vous restera une masse composée d'or & d'argent pur, que vous exposerez inutilement à quelque feu que ce soit, l'argent demeurera toujours uni à l'or, & cela de façon que dans

chaque particule de cette maſſe, il y
aura toujours exactement la même
proportion de l'or à l'argent, que
dans le tout. Si l'on jette cette maſſe
dads de l'eſprit de nitre pur, tout l'argent qu'elle contient ſe diſſoudra
ſans qu'il en reſte rien, & tout l'or ſe
raſſemblera au fond du vaſe, en forme
de poudre noire. Quant à l'argent qui
s'eſt ainſi ſéparé de l'or, il eſt très-
difficile de le détacher ſans perte, de
l'eſprit de nitre dans lequel il eſt diſſout; car ſi l'on eſſaye de le faire par
le moyen du feu, on aura à la fin de
l'opération une maſſe ſeche, qui eſt
la pierre infernale, dans laquelle les
parties les plus acides du nitre ſont
fortement adhérentes à l'argent &
ſe fondent avec lui ſur le feu, ſans
donner aucune fumée, tout comme ſi
c'étoit du métal : mais ſi l'on met dans
une ſolution d'argent faite par l'eſprit
de nitre, des lames de cuivre, on voit
d'abord que l'argent ſe ſépare entierement de l'eſprit de nitre & de tout
autre corps, & qu'il s'applique lége-
rement contre le cuivre ; en le ſé-
couant on le fait tomber au fond du
vaſe, on le lave enſuite avec de l'eau,

& alors on l'a auſſi pur qu'auparavant. Nous voyons donc ici que toute la force du feu ne peut pas produire un effet, dont on vient cependant à bout par un autre expédient. Il eſt preſque inutile de parler ici du ſoufre qui ſe trouve dans les glèbes métalliques : on ſait aſſez qu'il y eſt ſi intimemeut mêlé, que quand on expoſe ces glèbes à l'action du feu, il ſe fond & reſte uni avec elles, ou il ſe diſſipe avec elles dans l'air. Quelles pertes n'ont pas fait les Eſſayeurs en travaillant à ſéparer par le moyen du feu ce ſoufre volatil, pour que la matiere métallique reſtât ſeule au fond du creuſet ! Tous leurs efforts ont été inutiles à cet égard. Mais quand ils y mêlent des ſels alcalis fixes, du fer qui dans le feu ſe joint avidement au ſoufre, ou des poudres abſorbantes faites de l'un ou de l'autre de ces corps, ou de quelqu'autre ſemblable, ces matiéres s'uniſſent par l'action du feu avec le ſoufre, forment des ſcories ſulphureuſes, & la glèbe métallique pure ſe précipite au fond du creuſet. Examinez l'antimoine, il paroît homogène lorſqu'il eſt pur. Ex-

poſez-le à l'action du feu, de quelque
maniere que vous voudrez, ou il s'en-
volera tout en fumées, ou il reſtera
tout entier fixe, ſi le feu eſt doux.
Mais ſi vous le mêlez avec du tartre
& du nitre, ou avec du fer & du nitre, & qu'enſuite vous y mettiez le
feu, le ſoufre dont il eſt environné
extérieurement ſe ſéparera, & il vous
reſtera une maſſe entiérement métallique, homogène & peſante. Si vous
mettez ce même antimoine dans de
l'eau régale, le ſoufre ſur lequel les
acides n'ont aucune priſe, s'en ſépare
pendant que l'eau régale agit ſur la
partie métallique, & ſe joint avec elle.
Le ſel ammoniac, qui eſt véritablement un ſel compoſé de divers autres,
eſt rendu entierement volatil par un
grand feu ; ſi le feu eſt petit il reſte
fixe & compoſé comme auparavant,
mais ſi l'on y mêle du ſel alcali fixe, il ſe
diviſe très-promptement en ſel marin
fixe, & en ſel animal volatil. Le Mercure ſublimé corroſif, expoſé long-
tems à l'action du feu, degenere en
une ſubſtance compoſée de vif-argent
& d'un eſprit acide de ſel ; mais on le
dégage de ſon acide, en y mêlant du

fer ou des fels alcalis. Toute la Chymie eſt remplie de tels exemples.

Il faut encore remarquer, en cinquiéme lieu, que les particules que le
feu détache des corps compoſés, de
quelque maniere qu'on l'applique,
ne ſont cependant pas des ſubſtances
ſimples, mais des ſubſtances mêlées
entr'elles en diverſes façons. Examinez les eaux que le feu fait ſortir des
corps, elles ont de l'odeur; quand on
les garde long-tems elles s'épaiſſiſſent
d'elles-mêmes, elle contractent une
odeur déſagréable, elles ſe moiſiſ-
ſent: tout cela ne fait-il pas voir qu'elles ſont compoſées, puiſque jamais
rien de ſemblable n'arrive à l'eau ſimple? Conſiderez les eſprits, vous trouverez qu'ils ſont tellement mêlés d'eau
& de ſel, qu'il n'eſt jamais poſſible
d'en ſéparer parfaitement ces deux
choſes ſans le ſecours des ſels fixes,
joint à celui du feu. Que ne pourrois-
je pas dire auſſi des huiles? Le commun des Chymiſtes les regarde comme des élémens purs, ſulphureux &
très-ſimples: mais les habiles Artiſtes
font voir clairement qu'elles ſont
compoſées de pluſieurs ſubſtances dif-

férentes. Elles renferment cet élément
inflammable, sur lequel je me suis si
fort étendu ci-devant : elles contiennent beaucoup d'eau & une grande
quantité de sel & de terre, unis intimement ensemble. Et quant à la terre
même, que la violence du feu tire des
corps composés, que de peine ne
faut-il pas se donner pour l'avoir absolument pure ? Elle reste toujours
fortement adhérente à des sels fixes,
même jusqu'au point où elle est prête
à se convertir en verre.

Un grand nombre d'expériences
nous apprennent même, en sixiéme *Il compose*
lieu, que la composition des corps, *même les*
est aussi bien un effet du feu, que leur *corps.*
séparation : car il unit si étroitement
ensemble des corps d'ailleurs fort différens, qu'il en forme un tout qui paroît tout-à-fait simple, & qu'il n'est
plus en état de changer dans la suite. Chacun sait, par exemple, qu'en
broyant, qu'en calcinant, qu'en fondant, & qu'en mêlant ensemble par
l'action d'un feu violent, du sable
pur, & du sel alcali fixe, on forme du
verre, qui est un corps si simple dans
chacune de ses parties, & dans toute

sa substance, qu'on n'en connoît pres-
aucun qui soit plus simple , & qui se
resolve plus difficilement : puisqu'on
ne peut séparer les parties dont il est
composé , qu'en le fondant au feu,
avec une plus grande quantité de sel
alcali fixe : par-là on fait qu'il devient
de nature saline , & alors par l'infusion
de quelqu'acide , le sable se sépare &
se précipite sous la forme d'une poussiere très-fine. Les Savons nous fournissent une exemple semblable. La
même chose est encore confirmée par
les distillations de l'eau régale , & par
les émaux qui se font avec les métaux ;
mais il n'est pas nécessaire que je m'é-
tende davantage là-dessus : ne voyons
nous pas que la nature employe par-
tout le feu, comme l'instrument principal dont elle se sert pour la production des corps composés ? Y a-t'il
quelque chose de composé dans le regne animal , végétable , ou fossile ,
qui ne doive réellement son origine
à l'action d'un feu doux, qui digere ,
qui range, qui compose ? Certainement l'action lente & moderée de ce
moteur universel, je veux dire du feu,
semble être la principale cause, qui

produit toujours & par tout, les unions les plus étroites. Cela eſt même ſi vrai, qu'on peut douter ſi le feu ne ſert pas plus à compoſer les corps qu'à les réſoudre ? Ce qu'il y a de ſûr, c'eſt qu'il produit l'un & l'autre de ces effets.

Il importe de remarquer, en ſep-tiéme lieu, que le même feu, mais ap-pliqué en dégrés différens, compoſe, dans un certain dégré, des corps qu'il réſoud dans un autre. Les Chy-miſtes l'ont éprouvé à leurs dépens, lorſqu'après avoir travaillé pendant des années entieres à fixer le mercure par le moyen d'un feu doux, augmen-té inſenſiblement par dégrés, ils croyoient enfin en être venus à bout, parce qu'ils avoient une poudre rou-ge, qui reſtoit aſſez long-tems fixe au feu : mais lorſqu'ils expoſerent cet-te poudre à un feu dont ils augmen-toient la violence par des ſoufflets, elle s'exhala entierement, & ainſi fruſtrés de leur eſpérance, ils appri-rent qu'un certain dégré de feu ſépare ce qu'un autre avoit joint.

Il diviſe enſuite les corps qu'il a compoſés.

En huitiéme lieu, le même dégré de feu, mais appliqué avec différen-

Il agit dif-féremment ſuivant qu'il

tes circonſtances, produit des effets qui different les uns des autres d'une façon tout-à-fait ſurprenante, & cela ſuivant que l'air a plus ou moins d'accès dans l'opération. M. Hook ayant mis un charbon dans une boëte de fer, fermée exactement d'un couvercle affermi par un vis, il l'expoſa pendant long-tems à l'action d'un feu violent & cependant lorſqu'il l'en retira, ce charbon n'étoit point brûlé. Voyez la vie de cet Auteur qui a été miſe à la tête de ſes Oeuvres Poſthumes. pag. XXI. Ce ſubtil Philoſophe avoit conclu de cette expérience, que l'air eſt un menſtrue, qui mis en mouvement par le feu, diſſoud tous les corps ſulphureux, puiſque le feu ſans l'air ne ſauroit produire cet effet. Van-Helmont avoit déja obſervé la même choſe dans différentes diſtillations à l'égard de ſon charbon fixe. Papin a auſſi fait la même remarque, dans ſon Recueil de Machines, pag. 25. 26. J'ai auſſi mis de la ſciure de bois de Guaiac dans une cornue, que j'ai expoſée à l'action d'un feu très-vif, & continué long-tems ; cependant les fèces noires

qui

res qui sont à la fin de l'opération,
ont retenu une huile que toute la violence du feu n'a pas été capable d'e-
xalter. Mais cette même poussiere de
charbon exposée en plein air dans
un large vase, a été allumée par une
petite étincelle, toute son huile noire
s'est consumée en répandant une fumée aromatique, semblable à celle du
cédre, & il n'est resté que des cendres insipides & blanches. Le camphre, lors même qu'il nage sur l'eau,
se consume entierement, dès qu'une
fois on l'a allumé en plein air ; mais si
on l'expose sur le feu dans un vaisseau
de verre net, & couvert d'un Alam-
bic, il se fond, il monte dans l'Alam-
bic, il se condense & redevient camphre, comme auparavant, sans souffrir aucune altération : & on a beau
réitérer l'opération, la même chose
arrive toujours. Le soufre dans des
vases fermés se sublimera cent fois,
& cependant demeurera toujours le
même soufre. Mais si pendant que la
sublimation se fait, le vase vient à se
fendre, & si l'air peut avoir par cette
fente quelque communication avec le
soufre fondu, aussi-tôt celui-ci prend

II. Part.   L

feu, & se dissipe en une flamme bleuë, & une fumée acide. Le succin allumé dans l'air ouvert, se consume presque tout entier, & sert d'aliment à la flamme & au feu. Mais si on l'expose dans une cornue à un feu poussé insensiblement & lentement à un très-grand dégré, on recevra dans le récipient de l'eau, de l'esprit, du sel acide volatil, beaucoup d'huile, & enfin on obligera toute la substance du succin à monter par le cou de la cornue : c'est ce que j'ai fait plusieurs fois, Il est donc vrai que le feu qui agit sur une matiére inflammable, sans air, ou avec de l'air qui est immobile & suffoqué, produit des effets tout différens de ceux qu'il produit ordinairement.

Il agit aussi différemment suivant qu'il est appliqué en degrés différens.

Enfin & en neuviéme lieu, les effets d'un même feu, appliqué au même objet, mais en différens dégrés, varient aussi d'une façon singuliere ; je m'en suis convaincu par plusieurs expériences. Si l'on met, par exemple, un blanc d'œuf frais dans un vaisseau net, & où l'air peut entrer, & qu'on l'expose ensuite à une chaleur de 92 dégrés, suivant le Thermomètre de Fahrenheit, il devient

de plus en plus liquide, fanieux,
puant, pourri, & enfin fluide comme
l'eau, fans que la chaleur de l'eau
bouillante puiffe enfuite le coaguler
de nouveau ; & ainfi il fe change en
un alcali volatil & très-putride. Mais
fi l'on expofe ce même blanc d'œuf à
une chaleur de 200 dégrés, il fe convertit d'abord en une maffe blanche,
folide, qui peut fe fendre, & qui n'a
aucun goût ; il s'en exhale auffi beaucoup d'eau fans odeur & infipide ; &
enfin il refte au fond une matiere très-
dure, très-fragile, tranfparente, infipide, fans odeur, & qui fe conferve
pendant plufieurs années fans changement. Le même blanc d'œuf, expofé
encore dans une cornue de verre bien
nette, à un feu de 400 dégrés, donne
du phlegme, des efprits, des huiles
fétides, un fel alcali volatil, huileux,
puant, & un charbon très-noir que
le feu fait enfler d'une façon furprenante. Je ne finirois point fi je vou-
lois rapporter ici tout ce qu'il y a à
remarquer fur la nature de la force du
feu. Je me bornerai donc à préfent à
une efpéce d'abregé de toute la doctrine qui a été propofée ci-devant, &

L ij

qui revient à ceci ; c'est que le feu, varié par toutes les circonstances dont il a été parlé, peut produire, comme cause concourante, la plus grande partie des effets physiques que nous sommes à portée d'observer. Il peut changer les corps solides, dans leur figure & dans leur cohésion, mais de façon pourtant que la différence des corps, cause de la variété dans l'effet de ce pouvoir : car jamais le feu ne peut produire les mêmes choses, de choses différentes ; de chaque corps particulier, il produit quelque chose de déterminé : & ses effets varient encore suivant l'ordre, les dégrés & la maniére dont il est appliqué.

Maniere de connoître & de diriger le Feu.

J'ai enfin poussé cette dissertation sur le feu, au point qu'il ne me reste plus qu'à traiter de la maniere de connoître le feu qui est présent & qui opere dans un certain endroit ; cette connoissance est nécessaire à un Artiste pour qu'il puisse exciter, diriger, soutenir & appliquer le dégré de feu requis pour produire sur un corps & dans un lieu donné, le changement qu'on souhaite. On a travaillé autrefois à éclaircir cette matiére, mais ce

n'eſt que dans le ſiecle où nous vi-
vons, qu'on a pû la porter preſque à
ſon plus haut dégré de perfection ,
par le moyen des beaux Thermomètres de Fahrenheit, dont nous pouvons faire uſage. Les Anciens Chy-
miſtes diſoient que l'on pouvoit aſſez commodément rapporter la force
du feu à quatre dégrés différens, &
que cette diſtinction ſuffiſoit pour faire toutes les opérations de leur Art:
du reſte ils n'ont rien avancé de bien
clair ſur cela : & les modernes n'ont
rien ajoûté de fort important à ce
qu'ils ont dit. Voyons ſi nous pourrons dire là-deſſus quelque choſe de
plus précis ; nous appellerons pour
cela l'Art à notre ſecours, mais un
Art qui marche ſur les pas de la nature.

Je range donc ſous le premier dégré de feu Chymique , les divers dégrés de feu qu'employe la nature pour
perfectionner l'ouvrage de la végétation dans les plantes , & dont la Chymie ſe ſert pour imiter cet effet. Ce
dégré commence au plus haut dégré
de froid , marqué par le nombre 1
dans les Thermomètre de Fahren-

heit, & finit au 80 dégré : car dans
tous les dégrés renfermés entre ces
deux extrémités, il y a des plantes qui
donnent des marques de vie & de
végétation. On voit des mouffes ameres croître fur les écorces des Arbres
dans le plus grand froid, & rarement
dans un autre tems. Le fapin, le ge-
nêvrier, le mélèze oriental, le cédre,
le pin, la fabine, l'if, l'arbre de vie,
& d'autres femblables, ne confer-
vent-ils pas leur verdure au milieu
des plus grands froids ? Que dirons-
nous des mouffes marines, des mouffes de terre, de l'ellebore noir, de
l'hépatique, du perce nège, du tue-
loup d'hyver, de l'ellebore bâtard,
& autres plantes de cette efpece ?
Pouvons nous voir fans étonnement
qu'elles pouffent des branches, des
fleurs, des fruits, qu'elles conçoivent
& qu'elles multiplient pendant les
plus rudes hyvers, fans que le froid
foit capable d'éteindre chez elles le
dégré de chaleur néceffaire pour cela ! En un mot fi l'on examine toutes
les plantes connues, je fuis porté à
croire qu'on en trouvera qui parviennent à toute leur maturité dans cha-

cun des dégrés de chaleur qui sont renfermés entre les bornes que je fixe ici.

Il est donc très-vraisemblable qu'un Chymiste pourra diriger utilement, & imiter dans des serres, ce dégré de feu dont la nature se sert pour produire des plantes, pour les conserver, les faire croître lentement, & les empêcher de périr. Si l'on veut exciter ce dégré de chaleur, il faut allumer du feu dans un fourneau, & placer dessus un vase plein d'eau, avec un Thermomètre qui indiquera le dégré de chaleur dont on a besoin : l'on mettra ensuite dans cette eau ainsi temperée des vaisseaux de verre qui contiendront les corps qui sont l'objet de l'expérience, & qui par-là seront exposés au dégré du feu nécessaire. N'est-il pas naturel de croire que ce dégré de feu est très-propre à impregner les huiles de cet esprit précieux qui se trouve dans certaines plantes, & cela sans en rien perdre ? Si l'on vouloit par exemple, communiquer à de l'huile cette odeur agréable qui s'exhale d'une rose, on ne pourroit rien faire de mieux pour cela, que de

L iiij

prendre de l'huile d'olives, bien pure, fans odeur & prefque infipide, de la mettre dans un haut matras, & de la faire digérer à une chaleur de 56 dégrés, avec des rofes fraîches, ouvertes & cueillies le matin. Cette chaleur fait paffer l'efprit des rofes dans cette huile, qui le retient par fa vifcofité, de façon qu'il s'en fépare affez difficilement ; ainfi l'on a un baume très-odoriferant. Il faut auffi un femblable dégré de chaleur, pour impregner l'alcohol des efprits précieux du faffran : un moindre feu ne pourroit pas les dégager du corps où ils réfident, & un plus grand les rendroit trop volatils, & feroit caufe qu'on les perdroit. Peu de gens font au fait de cela ; il n'y a que ceux qui font bien verfés dans ces fortes d'opérations, qui connoiffent la vérité de ce que je dis ici. Il eft certain qu'en dirigeant avec foin ce dégré du feu, on peut, par ce feul moyen, préparer d'excellens remedes, dont on fera privé fi l'on employe une plus grande chaleur.

Le fecond dégré. Il me femble que le fecond dégré du feu peut commodément être déterminé par la chaleur, qui a lieu dans le corps d'un homme qui se porte bien. On croit qu'il commence au 40 dégré du Thermomètre de Fahrenheit, & qu'il finit environ au 94 lorsqu'il est à son plus haut point. Il est très-vraisemblable qu'il y a des animaux qui peuvent rester en vie lorsque leurs humeurs ont quelqu'un des dégrés de chaleur contenu entre ces deux bornes. Il y a certains insectes qui sont pleins de vie, quoique leurs humeurs vitales ayent un très-petit dégré de chaleur. Quelques papillons enduisent d'un espece de colle de petites branches d'arbres, auxquelles ils attachent en forme d'anneau leurs œufs fécondés : j'ai vû avec étonnement les tendres embryons de chenilles, renfermés dans ces œufs, soutenir sans aucune altération tout le froid du rigoureux Hyver de 1709, & celui de l'année 1729, dans laquelle j'écris ceci. Tout le monde croyoit que cette espéce de chenilles alloit périr par un si grand froid ; cependant nous avons vû à l'entrée du Printems ces petites chenilles sortir de leurs œufs ; elles ont donc soutenu toute la

L v

rigueur de ce froid fans en être in-
commodées. Les poiſſons , tant ceux
de riviere que ceux de mer, qui ont
des ouïes au lieu de poumons, vivent
dans une eau qui n'a que 34 dégrés
de chaleur, & y ſont preſque dans un
mouvement continuel ; ils y vivent
auſſi également bien lorſqu'elle a 60
dégrés de chaleur , & quelque choſe
au de-là ; il faut donc que leur corps
puiſſe s'accommoder à ces différentes
températures. Mais les poiſſons qui
ont des poumons , de même que tous
les autres animaux qui reſpirent ,
lorſqu'ils ſe portent bien , communiquent à leurs humeurs une chaleur qui
approche , plus ou moins, de 92 dégrés. Ils peuvent donc vivre dans
chacun des dégrés de chaleur qui ſont

Son uſage. compris entre le 33 & le 94. C'eſt
dans l'étendue de cette chaleur que
s'operent les actions vitales des animaux , les fermentations des végétaux, les putréfactions de ces deux eſpeces de corps , & que les animaux
en particulier conçoivent , portent,
engendrent, ſe nourriſſent , &c. Les
plus expérimentés des Artiſtes employent ce dégré de feu pourprépa-

rer les Elixirs, les sels volatils alcalis simples & huileux, les teintures, & pour la coction de leur mercure philosophique, par laquelle ils commencent à travailler à la recherche de la pierre philosophale.

L'ordre veut qu'on établisse pour le troisiéme dégré du feu celui qui s'étend depuis le 54 jusqu'au 212 dégré, dans lequel l'eau bout ordinairement. C'est dans toute l'étendue de ce dégré que l'eau & l'esprit natif se séparent de tous les végétaux & de tous les animaux ; ce qui fait que ce qui reste de ces corps est sec, durable & presque immuable. Dans ce même dégré les huiles essentielles des plantes deviennent volatiles ; mais les sels & les huiles des humeurs fraîches des animaux sont à peine exaltées ; ces humeurs se séchent, & se convertissent en une substance crasse, dure, fragile, insipide, sans odeur, & qui peut se conserver pendant plusieurs années sans souffrir presque aucun changement. On voit par-là que c'est sans raison que l'on prétend qu'il se produit dans le corps d'un homme sain des sels alcalis volatils huileux. Au

L vj

reste c'est par ce dégré que se font les distillations des huiles & des eaux médicinales qui se tirent des végétaux. Le sang & les autres humeurs séreuses des animaux se coagulent dans l'eau bouillante, & acquierent assez de consistence pour qu'on puisse les fendre ; au lieu que toutes leurs parties solides s'y détruisent, & se convertissent en un fluide épais & ténace. Tous les animaux périssent donc par ce dégré de chaleur.

Le quatrieme dégré peut commencer au 211 & se terminer au 600. Dans l'étendue de ce dégré toutes les huiles, les lessives salines, le vif-argent, & l'huile de vitriol bouillent, s'éloignent du feu, s'exaltent, & par conséquent on peut les distiller ; le plomb & l'étain se fondent & peuvent se mêler ensemble : les huiles, les sels, les savons des animaux & des végétaux sont rendus volatils, âcres, & plus ou moins approchant de l'alcali : leurs parties solides se sechent, & quand on les calcine elles se convertissent en un charbon noir, elles se détruisent entiérement, elles changent de nature, elles perdent leurs

qualités : le soufre foſſile, & le ſel ammoniac ſe ſubliment.

Le cinquiéme dégré du feu, eſt ce- Le cinquie-
lui dans lequel les autres métaux ſe
me dégré.
fondent. Il commence au 600 dégré,
& finit à celui qui peut réduire le fer
en fuſion. Ce dégré détruit un grand
nombre de corps. Le verre, l'or, l'argent, le cuivre, le fer, peuvent le
ſoutenir long-tems ; il fait devenir
rouges-blancs tous les autres corps
fixes : il fond les ſels fixes des végétaux & des foſſiles, il les prive preſque de toute leur huile, il leur communique de plus en plus une âcreté
alcaline : avec du ſable ou des cailloux
il les convertit en verre ; il calcine les
pierres à chaux : il vitrifie ou il vola-
tiliſe tous les autres corps.

Enfin le ſixiéme & le dernier dé- Le ſixieme
gré du feu, comprend le feu dioptri-
dégré.
que ou catoptrique, dont il a été parlé ci-devant. Il n'y a preſque aucun
corps qui puiſſe lui réſiſter ; il produit
ſur l'or même des changemens très-
ſinguliers. Pour ſe former de juſtes
idées ſur la nature de ce feu, on peut
conſulter les obſervations de Mrs
Homberg, Hartſoeker, Villette, &

ce que j'en ai dit ci devant. Le principal effet qu'il produit prefqu fur tous les corps, c'eft qu'il les vitrifie. Ainfi la vitrification de tous les corps fixes, eft le dernier effort du plus grand Feu qui nous foit connu. Il femble que les plus anciens Philofophes d'Afie, ont eu quelque idée de cela, lorfqu'ils prophétifoient que le monde périroit un jour par le Feu, & qu'alors il feroit changé en un verre tranfparent. Quoiqu'il en foit, nous pouvons conclure, que ce qui a été avancé fur les dégrés du Feu, eft établi fur de folides fondemens, fans que cependant l'intelligence humaine foit jamais en état de déterminer jufqu'où peut s'étendre la force de cet élément.

Maniere d'exciter ces différens de-grés de Feu.

Il nous importe encore beaucoup de fçavoir comment nous pouvons exciter & foutenir le Feu dans un dégré requis : car c'eft de là que dépend le fuccès de toutes les opérations chymiques.

Premierement , en employant differentes matie-res combufti-bles.

Et à cet égard il eft conftant qu'il eft beaucoup plus difficile de conferver long-tems un grand dégré de froid, que d'exciter continuellement un grand feu : nous en avons une preuve dans ces fournaiſes ardentes qu'on allume & qu'on entretient dans les verreries & dans les forges. Or le premier moyen d'exciter le dégré du Feu dont on a beſoin, c'eſt de choiſir & d'employer ceux des Alimens du Feu, dont il a été parlé ci-devant, qui ſont propres à cela. L'alcohol de vin donne une flamme foible, uniforme, & qu'on peut moderer comme on le trouve à propos ; il ne faut pour cela qu'en verſer dans une lampe qui ait pluſieurs méches, & lorſqu'on ſçait préciſément le dégré de chaleur qu'on doit exciter, on allumera autant de méches qu'il en faut pour faire monter le Thermomètre au dégré requis. Après l'alcohol on employe des matieres légeres, poreuſes, ſpongieuſes, qui donnent un Feu plus fort, comme le jonc, la paille, les feuilles ſéches, les poils, les plumes, la ſciure de bois, les tiges de bled ſaraſin, le chaume, le ſon de farine. Enſuite viennent les huiles, le ſuif, la cire, le camphre, la poix, la reſine, le ſoufre, & d'autres corps compoſés de ces différentes ſubſtances. Après quoi on ſe ſert de gros bois, peſants, durs, entiers, pas trop fecs, & des charbons qu'on en fait : enfin on fait ufage des Métaux rougis au feu, & des charbons foffiles.

Secondement, en faifant le Feu plus ou moins grand.

· On peut auffi exciter différens dégrés de feu, & même rendre le Feu auffi violent qu'il eft poffible en employant plus ou moins de matiére combuftible. Car fi l'on en allume une très-grande quantité en même temps, on a toujours alors un Feu beaucoup plus vif, parce que diverfes forces réunies produifent toujours un plus grand effet.

Troifiémement, en plaçant le Corps fur lequel ou travaillé à diverfes diftances.

On peut auffi varier le dégré de chaleur, par rapport au corps fur lequel on travaille, en plaçant celui-ci à différentes diftances du Feu ; car la chaleur diminue à proportion que l'éloignement du Feu augmente. Plufieurs grands Philofophes ont cru qu'on pouvoit déterminer cette difference par une feule regle fort fimple ; fçavoir, que les forces des qualités corporelles, diminuent en raifon inverfe des quarrés des diftances du centre qui eft la caufe de ces qualités : ainfi en appliquant cette regle au Feu, fa force feroit quatre fois plus petite, à une diftance double.

Mais avant que d'admettre cela, il faudroit être sûr que le Feu réuni en un plus petit espace, n'acquiert pas un nouveau pouvoir, qui dépend, non du seul nombre des élémens ignées, mais d'une efficace particuliere qui résulte de la proximité de ces élémens. Quand on y fait quelque attention, on trouve, il est vrai, que moins on est éloigné du Feu, plus on ressent de chaleur; mais cependant la loi de la diminution de chaleur, est fort différente de cette régle générale qui vient d'être rapportée : car des Expériences faites là-dessus avec soin nous apprennent qu'à une très-petite distance du point échauffant la force du Feu diminue tout d'un coup très-considérablement, mais qu'à une plus grande distance cette diminution suit une autre proportion, & qu'elle n'est plus si sensible. Ainsi il est très-vraisemblable que les parties du Feu, outre la force qu'elles ont d'agir sur d'autres corps, en ont encore une autre qui dépend du mouvement rélatif que leur proximité excitent entr'elles. Le fameux Grimaldi, & le grand Newton ont remarqué que les élémens ignées qui tendent vers des corps opaques & refléchiffans , acquerent un nouveau mouvement lorfqu'ils font près de ces corps : la même chofe ne pourroit-elle pas arriver aux particules du Feu lorfqu'elles font près les unes des autres ?

En quatriéme lieu, en agitant & en comprimant le Feu. En quatriéme lieu , il faut agiter , remuer , comprimer le feu lorfqu'il confume quelque matiere combuftible , & qu'il eft environné d'Air de tout côté. Par-là on augmente confidérablement fa force , comme je l'ai dit ci-devant , & cela de plus en plus à mefure que l'agitation eft plus violente , pourvû cependant qu'elle ne le foit pas au point , que de détruire la voute d'air fous laquelle le Feu eft renfermé. Et comme on ne fçauroit agiter & comprimer le Feu plus commodément & plus efficacement qu'en foufflant , ou qu'en pouffant avec force l'air contre le foyer ; de-là vient qu'on fe fert pour cela de foufflets qui agitent violemment le Feu fur lequel ils agiffent. On peut confulter ce que j'ai dit là-deffus , en parlant ci-devant de la voute d'air qui environne le Feu ; on y verra entr'autres chofes , que fi l'on a plufieurs grands foufflets placés autour d'un foyer, de façon que leur action foit dirigée au centre de ce foyer, le Feu fera déterminé avec beaucoup plus de force fur le corps qui occupe ce centre, & il produira fur lui de plus grands changemens. Les Effayeurs employent ordinairement ce moyen, lorfqu'ils ont befoin d'un Feu très-violent. Si enfin on réunit ces quatre méthodes différentes, en les employant toutes en même-tems, on donnera au Feu le plus haut dégré de force dont notre Feu ordinaire foit fufceptible.

Ajoutons cependant encore, en cinquiéme lieu, qu'on peut ici fe fervir utilement d'un fourneau, dont la voute eft faite de façon qu'elle réfléchiffe & raffemble le Feu fur un certain endroit du foyer, & par-là le rende plus ardent: J'aurai occafion dans la fuite de m'étendre fur cette efpéce de fourneaux, ainfi il me fuffit de l'indiquer à préfent.

En cinquiéme lieu, par la figure du fourneau qu'on employe.

Voilà les principales chofes que j'avois à dire fur l'Hiftoire naturelle du Feu, confidérée furtout en tant qu'elle eft d'ufage dans la Chymie. C'eft avec beaucoup de peine, que je fuis parvenu à les ranger & à les éclaircir comme je l'ai fait : je laisse au Lecteur à juger de l'utilité de mon travail. Ce que je crois qu'on peut conclure sûrement de ce que j'ai avancé, c'est que le Feu chymique, entretenu par un aliment déterminé, & appliqué de la même maniere & en même dégré, produit toujours le même effet sur le même objet, soit en unissant, soit en séparant ; mais qu'on ne peut rien dire de certain touchant son action sur les corps, si l'on ne détermine pas avec tout le soin possible jusqu'aux plus petites de ces circonstances. Ainsi, lorsqu'on veut décrire quelqu'opération chymique, il faut toujours faire une scrupuleuse attention à tout ce qui a été dit dans ce Traité du Feu. Par-là on pourra former de l'art des Chymistes, une science aussi sûre & aussi méthodique que toute autre. Qu'on ait donc soin de déterminer toujours exactement les dégrés du Feu, leur succession, l'aliment avec lequel on les soutient ; le poids de l'Atmosphere, son dégré de chaleur, son mouvement, son action sur le Feu, entant qu'elle est variée par le souffle ou par le vent ; enfin qu'on décrive soigneusemen

le sujet sur lequel on travaille : en suivant cette méthode, l'on ne jettera
pas dans l'erreur ceux qui voudront
imiter les opérations dont on parle.

Avant que de finir sur cet article,
je vais encore ajouter les remarques
suivantes qui ont rapport à la nature
du Feu. Le Feu, pour exister, n'a
pas besoin d'air, de nitre, d'aliment,
de soufre, ou de quelqu'autre corps.
Le véritable Naphte, est de tous les
corps connus, celui qui s'enflamme
le plus aisément ; il s'allume même à
une assez grande distance de la flamme, aussi bien que le Pétrole pur, (*Journal des Sçavans. 1675. p. 53.*) Les
corps qui sont frottés de Naphte, lorfqu'ils sont une fois enflammés, conti-
nuent de brûler quand on les met sous
l'eau (*Jour. des Sçavans, 1683. p. 104.*)
Le Naphte s'allume par la flamme
d'une chandelle renfermée dans une
lanterne, & que par conséquent il ne
touche pas, (*Transact. Philos. N. 100.
p. 188.*). On a renfermé de la poudre à canon dans une machine, où
l'eau ne pouvoit pas entrer, & où
l'on avoit mis un mouvement d'hor-
logerie, qui faisoit qu'au bout d'un
certain tems un morceau d'acier ve-

nant à frapper contre un caillou, mettoit le feu à la poudre. Le tout ayant été jetté au fond de la Mer, on entendit, lorsque la poudre prit feu, un très-grand mugiſſement, & l'on vit une épaiſſe fumée, mais point de flamme. (*Sinclair. de arte Gravitatis.* p. 301.) Cette expérience mérite qu'on y faſſe bien attention, parce qu'elle nous apprend pluſieurs choſes ſingulieres. Nous trouvons un fait très-extraordinaire dans l'ouvrage de Thomas Sibbald, intitulé : *Scotia il-luſtrata* : il y eſt dit qu'il y a en Ecoſ-ſe un lac nommé Strath-Erith, dont l'eau ne ſe géle point, même par le plus grand froid, avant le mois de Février : mais quand ce tems eſt ve-nu, il lui arrive quelquefois d'être tout couvert d'une glace épaiſſe dans l'eſpace d'une ſeule nuit : il ſemble qu'on peut conclure de ce fait, que l'augmentation de chaleur dans un endroit, rend le froid plus vif dans un autre, comme j'ai déja eu occaſion de le dire ci-devant. La même con-cluſion paroît découler, & même plus clairement encore, d'une obſervation qu'on a faite ſur un petit ruiſſeau qui ne ſe géle point au milieu des hyvers

les plus rudes. *Tranf. Phil.* (N. 56.
1139. *Tranf. Abr.* T. II. 335.) Mais
ce qui confirme furtout la chofe, c'eft
un fait rapporté par l'Abbé Boizot,
dans le *Journal des Sçavans* 1686. p.
336. & par M. du Hamel dans l'*Hiftoire de l'Académie des Sciences* p. 257.
Ils nous apprennent qu'à cinq lieues
de Befançon, en Franche-Comté, il
y a une caverne de 300 pas de profondeur, où durant l'Eté le plus chaud,
il fe produit quelquefois en un jour
plus de glace, qu'on ne pourroit en
tranfporter en fept ou huit jours fur
plufieurs chariots ou mulets, puifque
fouvent elle a près de quatre pieds de
hauteur. Mais en hyver on voit dans
cette même caverne des vapeurs épaif-
fes, avec un petit ruiffeau qui coule
au milieu, mais qui eft toujours gelé
en Eté. Lorfque ces vapeurs paroiffent dans cette caverne, on eft toujours fûr qu'on aura bien-tôt la pluie.
On remarque auffi dans les ferres, où
l'on conferve les plantes l'hiver, que
plus la chaleur eft grande en certains
endroits, plus le froid eft vif en d'autres. Il en eft de même des forges &
de tous les endroits où l'on fait de
rands feux; plus les fournaifes y font

ardentes, plus il fait froid aux environs.

Voilà ce que j'avois à dire sur la nature de cet agent merveilleux, que le CREATEUR a placé dans l'Univers, & à qui il a donné un pouvoir très-efficace d'exciter dans les corps les mouvemens nécessaires pour opérer tous ces grands changemens, qui arrivent continuellement dans le monde. Malgré toutes les peines que je me suis données, je suis bien éloigné d'avoir épuisé la matiere : il reste encore grand nombre de découvertes à faire ici : j'exhorte ceux qui ont plus de penetration que moi à pousser plus loin leurs recherches, à communiquer au Public le succès de leur travail ; par là ils contribueront efficacement à nous mettre sous les yeux de nouvelles preuves de la puissance & de la sagesse incompréhensible de Dieu ; en nous donnant de plus justes idées sur les Ouvrages qu'il a produit & qu'il soutient, ils nous pénetreront de plus en plus de sentimens de respect & d'adoration envers cet Etre suprême.

TABLE
RAISONNÉE DES MATIERES
DU TRAITÉ DU FEÜ.

Ce Traité a 2 parties précédées de Réflexions. Nous indiquons les Réflexions par le chiffre Romain, la premiere partie par A & la seconde par B.

A

Acide, il est plus naturellement mêlé dans les matieres métalliques & inflammables que dans les soufres proprement dits, xxxvj. Il y en a un universel, xxxvij. Le phlogistique est toujours fort uni avec lui, lxixv. Il en est même inséparable, lxv. Les plus forts acides mêlés avec des huiles, forment des matieres semblables au soufre, B. 192.

Acosta, Ecrivain fameux, qui a donné une histoire de l'Amérique, B. 228. Ce qu'il apprend sur l'argent qu'on tire des mines du Pérou, *idem*, & *suiv.*

Afrique, les hommes y sont lâches, & pourquoi, A. 52.

Agent, la chaleur & le froid sont les principaux qui agissent sur les corps, A, 97.

Aiman, effets de deux aimans l'un sur l'autre, que *Neuwton* soupçonnoit être à peu près en raison inverse triplée des distances, A. 142, & *suiv.*

Air, ce que c'est que le thermometre d'air de *Drebbele*, A. 67, & *suiv.* Le feu le di-

Tome III.   M

taire lxviij, lxix. *& suiv.* Pourquoi leur corps nourriſſent & entretiennent la chaleur, A. 326, 327. Matiere combuſtible qu'on en tire, B. 129, *& suiv.* Chaleur produite par le mélange de divers corps qu'on en tire, 171, 171, *& suiv.* Chaleur qui les fait périr, 252.

Antimoine, calciné au foyer d'un miroir ardent, étoit d'un ſeizieme plus peſant qu'auparavant, B. 143. Cette expérience révoquée en doute, 145. Pourquoi, 230.

Antitupia de *Democrite,* ce que c'eſt ; A. 142.

Apollonius, Auteur qui a démontré le premier les propriétés de la parabole. Voyez *Parabole.* A. 212.

Arbres de même eſpece, changemens qui leur arrive par rapport à leur ſituation dans différentes parties d'une montagne, A. 131.

Areometres, meſure des aires ; ils ne ſont pas parfaitement exacts dans tous les tems, A. 98.

Ardoiſe, pourquoi ainſi nommée ; on en tire une grande quantité de cuivre , lviij.

Argent, un ſeul grain d'or mêlé par la fuſion avec cent mille grains d'argent pur, ſe diſperſe également entre tous ces grains, A. 48. Le feu nud ne peut le pénétrer, lxj. Mais il penetre plus que l'or, *id* Sa pierre eſt très-étroitement unie avec l'arſenic, lix.

Ariſtote, ce que c'eſt, ſelon lui, que le feu élémentaire, ij.

Arſenic; Becker le prend pour le phlogiſtique, lxv. Le ſentiment de cet Auteur

B

*B*Acon (le Chancelier , Baron de Verulam), eſt un des premiers à qui l'on eſt
redevable de l'hiſtoire du mélange des
corps dont il eſt queſtion , B. 151.

Barometre , inſtrument qui ſert à indiquer
la peſanteur de l'air. On en donne l'invention à Toricelli. C'eſt dans ce ſens que
l'on dit que lorſque que l'atmoſphere eſt
plus peſante , le mercure monte dans cet
inſtrument, B. 122 , &c.

Bartholin (Thomas) il a mis hors de doute
qu'on pouvoit tirer du feu des corps ani-
més , lix.

Beauſobre (M. de) Extrait de ſa Diſſertation
ſur la nature du feu , xxv, *& ſuiv.*

Becher , ſon ſentiment ſur le lien des corps
métalliques approuvé, xxxviiij. Son acide ſouterrein univerſel reçu , *id.* Ce qu'il
a dit de l'arſenic regarde en partie le
phlogiſtique, lxiv. Sa théorie qui détermine le degré de conſiſtence des métaux,
par le plus ou moins d'arſénic qu'ils
renferment , cadre avec celle de *Sthal* ,
lxv.

Bernouilli (le grand) expérience qu'il indique pour donner une idée du feu pur &
ſimple , A. 128.

Beſançon , en Franche-Comté. Il y a à cinq
lieues de cette ville une caverve de 300
pas de profondeur , où durant l'été le
plus chaud ; il ſe produit en un jour plus
de glace qu'on ne pourroit en tranſpor-
ter en ſept à huit jours ſur pluſieurs cha-
M iv

riots. En hyver on y voit des vapeurs qui indiquent toujours de la pluie, B. 263.

Bile, est une des humeurs vitales qui renferme plus de feu, &c. xcj, *& suiv.* Lors donc qu'elle est mêlée dans le sang, elle doit produire la chaleur naturelle, xcij. Elle a la nature du phlogistique, &c. xcv.

Boerhaave, regarde le feu comme un corps qui a été créé tel dès le commencement, &c, iij. Le feu ne pese point, selon lui, Partisan de xxj. M. de Beausobre se déclare contre son sentiment, xxvj. La flamme trouve moins d'obstacle, dit-il, au défaut des parties incombustibles, xxxij. *Voyez* l'article *Feu*, où tout le reste est développé.

Boizot (Abbé de saint Vincent de Besançon) sa lettre touchant la glaciere de Besançon & la grote de Quingey, année 1686, page 235 du Journal des Savans, B. 263.

Bolduc, cité B. 147.

Bouilhet, idée qu'il donne du ferment, x.

Boulet, parcourt en hyver 600 pieds en une seconde, A. 132.

Boussole, son éguille exposée à l'action du foyer d'un verre ardent, tourne sur son pivot, B. 197.

Boyle, a prouvé très-solidement que le feu fait dilater l'air commun de tous côtés, A. 67. cité *id.* 123. Son vuide, c'est-à-dire celui de la machine pneumatique, examiné, *id.* 136. Il a prouvé que le fer battu à froid, s'échauffe si fort qu'il peut allumer le souffre qu'on jette dessus, *id.* 166. La plus grande partie de l'huile des végétaux distillée, se change, selon lui en

F

G

grande chaleur les brûle, *id.*

Girofle, un gros d'huile de girofle sur lequel on verse un gros ou un gros & demi d'esprit de nitre de Glaubert, s'enflamme violemment sur le champ, B. 191.

Glace, précédée de gelée blanche, A. 84. L'eau éclairée du Soleil ne paroît jamais blanche qu'elle ne soit convertie en glace, 228, ce que c'est, B. 217.

Glauber, ce que son esprit de nitre, jetté sur les huiles essentielles, produit, A. 326. Ce que c'est que cet esprit, B. 191. Différentes huiles, 191.

Gras, tout ce qui peut s'enflammer & nourrir le feu est gras, xxxiv. On nomme phlogistic tout ce qui est gras, lxxxix. Rin n'est plus connu, xc.

Gravesande, son éloge, cité par rapport à ces observations sur les effets des corps frottés, A. 115, 116.

Gravité spécifique, pesanteur relative. On dit qu'un corps a une gravité spécifique plus grande qu'un autre corps, lorsqu'il contient plus de matiere sous le même volume; c'est suivant ces rapports que la table suivante a été construite, A. 25, *& suiv.* Or comme les corps qu'on transporte dans la Zone torride s'étendent d'avantage en tout sens, que dans un climat froid, il s'ensuit que leur gravité spécifique diminue, puisqu'ils contiennent la même quantité de matiere sous une plus grande superficie, 51. Ainsi lorsque le volume des corps diminue par le froid, quoique leur pesanteur absolue reste la même, néanmoins leur gravité spécifique augmente, 56. Les fluides égallement chauds se réduisent à la meme température dans des temps proportionnels à leur gravité spécifique, 393.

Gravité considérée comme force par laquelle les corps sont portés ou tendent vers le centre de la terre. Si cette force déterminoit moins les corps à s'appliquer les uns sur les autres, quelle conséquence en résulteroit-il pour le feu ? A. 157. Aucune expérience ne nous porte à croire que les corps si fort élevés au-dessus de nous, ayent quelque influence sur notre, terre excepté celle qui résulte de la gravité, 223. La cause de cette force passe à travers tous les corps, en conservant toute son activité, B. 200 ; en un moment, 201.

Grêle, ce qui fait connoître que la pluie l'a été, A 226.

Grimaldi a remarqué que les élémens ignés qui tendent vers le centre des corps opaques & réfléchissans, acquierent un nouveau mouvement lorsqu'ils sont près de ces corps, B. 217, 218.

Guayac, sciure de ce bois exposée dans une cornue à un feu violent, retient une huile qu'il n'est pas possible d'exalter & de tirer par ce moyen, B. 240, 241.

H

H Alley a démontré qu'il y a continuellement une quantité incroyable d'eau qui s'éleve dans l'air, A. 214. Lorsqu'on échauffe des liqueurs, il semble que la

le feu, diſſout tous les corps ſulphureux,
204.

Henckel, cité par rapport au plus ou moins
de facilité que les métaux ont à ſe fondre, lxiv.

Hippocrate a indiqué, par un terme très-
convenable, tous les Eſprits ſous le nom
d'Eſtre qui donne le branle & la ſecouſſe
à toutes les autres parties, lxxiv. La
puituite a, ſuivant lui, une faculté ignée,
xciv.

Hoffmann, B. 181 : indique un moyen d'exciter du feu avec une matiere froide,
qui n'eſt nullement inflammable, 189,
190.

Homberg, ſon ſentiment ſur la nature du feu,
iij. Ses expériences obligent M. de Vol-
taire à reſpecter l'opinion que le Feu ne
ceſſe point, xvj. Le ſoufre, ſelon lui,
n'eſt autre choſe que le feu lui-même,
xxj. Ses expériences font voir que tous
les corps expoſés au feu pur peuvent
devenir luiſans, & s'y fondre, A 270.
Prouve que le Feu élémentaire peut augmenter le poids des corps, B. 142. Il
ſemble avoir prouvé plus clairement que
le feu s'unit véritablement aux corps,
qu'il forme une même maſſe avec eux,
& que de-là il en réſulte de nouveaux
corps tout-à-fait différens de ce qu'ils
étoient auparavant, & conſidérablement
plus peſans, 143 ; cité, 181.

Homme, le degré de ſa chaleur eſt toujours
plus grand que celui de l'air, A. 145.
Le vent ne laiſſe pas quede le refroidir
en ce qu'il chaſſe l'air chaud dont il eſt

l'huile qui eſt toute différente de celle qui auroit eu lieu ſans cela, B. 13, 14. entre dans la compoſition des végétaux, 22. Comment on la retire & on la purifie, 22, 23, *& ſuiv.* elle éteint le feu jettée deſſus, 26, 27. C'eſt la plus combuſtible de toutes les parties des végétaux, 27, *& ſuiv.* il y en a de diverſes eſpeces dans les plantes, qui toutes peuvent ſervir d'aliment au Feu, 51, *& ſuiv.* Elle éteint la flamme, 85. Elle l'augmente, 86. Examen de ſa flamme, 8 , Examen de ſa flamme lorſqu'elle brûle mêlée avec l'akool, 93. Lorqu'elle brûle mêlée encore avec d'autres mixtes, 98. Feu entretenu par de très-pure, 225.

Humeurs, il y a dans le ſang différens élémens mêlés aux vitales, lxxiv. On peut donner le nom de ſoufre aux parties graſſes diſperſées dans celles des animaux lxxv, lxxvj. Puiſqu'elles s'échauffent, elles doivent renfermer une matiere qui ſoit capable de produire & d'entretenir cette chaleur, lxxxij, *& ſuiv.* Privées par l'action du feu de tout ce qu'elles renferment de volatil, elles laiſſent une eſpece de charbon, B. 178, *& ſuiv.* Elles ſe coagulent dans l'eau bouillante, 252. Surprenant changement de ce qui arriva à celle d'un chien que l'on expoſa à des grands degrés de chaleur, A. 317.

Huygens, a démontré évidemment que la lumiere parcourt dans l'eſpace d'une ſeconde 11000000 toiſes, B. 219. Ce ſentiment révoqué en doute, 220

6. Il y en a quelques-uns qui font pleins de vie, quoique leurs humeurs vitales ayent un très-petit degré de chaleur 449*

Irlande, on a obfervé dans cette ifle pendant le grand froid de 1709, que la liqueur étoit defcendue dans le thermometre de *Farenheit*, jufqu'au premier nombre, A. 78.

J

J Upiter, découverte faite fur la prodigieufe viteffe du Feu qui émane du Soleil fur fes Satellites, B. 219.

K

K Amzatkha, le froid obfervé dans cet endroit-furpaffe encore de 10 degrés celui de *Tornea*; ainfi le froid dominant là étoit de 103 degrés au-deffus du point de température, & fi on compte du premier degré de congellation, le froid glacial de ce pays-là étoit 83 degré naturels; froid bien plus confidérable que l'artificiel qu'on a tâché d'exciter jufqu'à préfent, A. 92, 93.

Kunckel, ce que c'eft que fon Phofphore, B. 179.

L

L Avergne (M), belle idée qu'il donne du Feu, xxix.

Lemery, fon fentiment fur la nature du Feu, iij.

Liqueurs, celles qui font moins denfes, & plus légeres que les autres, font auffi

M

*M*Achine *pneumatique*, fi on met fous le récipien de cette machine un verre plein d'eau chaude de 96 degrés, qu'on en tire peu à peu l'air, on verra manifeftement qu'il fe fait une ébullition dans l'eau à mefure que vous diminuez l'atmofphere, A. 106.

Macquer (*M.*) a très-bien expliqué par les analogies & les reffemblances des acides la loi d'adhéfion des menftrues par rapport à leur diffolvent, xliv. Il obferve encore fort bien, en parlant de la maniere d'agir des acides fur les métaux, que leur analogie & leur reffemblance les fait s'attaquer mutuellement, ij.

Magnetique (la force) paffe à travers tous les corps en confervant toute fon activité, 200 Cette vertu les traverfe en un moment, & prefque fans y employer aucun temps, 201. C'eft par cette force que *M. le Comte de Crequy* fait fubfifter le mouvement axiligne des parties des fluides, xij.

Maladies (certaines) furtout les contagieugieufes, fe communiquent par la peau, leurs effets fe manifeftent fur le champ par la plus grande chaleur que ces maladies occafionnent, xcviij, *&c.*

Malpighi : il paroît par fes obfervations que le fang eft diftribué dans un grand nombre de fines arteres qui font appliquées de tous côtés aux petites vefficules des poumons, & qu'ainfi il fe préfente par beaucoup de surface à l'action de l'air, *&c.* A. 312.

Maraldi (M) fameux Astronome, ayant examiné avec tout le soin possible s'il est vrai que la lumiere parcourt 11000000 toises dans l'espace d'une seconde, il a trouvé, après des observations exactes faites pendant plusieurs années, qu'il s'en falloit de beaucoup que ce sentiment fut vrai, B. 220.

Mariote a découvert que l'air qui passe de l'eau dans le vuide, est repris par cette même même eau dans l'expérience dont il est question, A. 72. Voyez sur les effets prodigieux du vent, 133. Le poids de l'air à la profondeur de 409640 toises au dessous de la surface de la terre, seroit égal à celui de l'or, suivant le calcul de cet Auteur, B. 15.

Matiere, ce que c'est que l'inflammable, xxx. On ne connoît pas son homogenéité, A. 24.

Médecins, apprennent que l'alkool mélé avec l s humeurs du corps humain doit y causer des oscillations fréquentes & sensibles, *&c.* A. 101. Ils apprennent encore qu'il n'y a rien de plus dangereux que de s'exposer au vent quand on sue ou qu'on a chaud, 149.

Meteze, peut être même consommé par le feu, B. 7.

Mercure enfermé dans une phiole de verre, & plongé dans l'eau qu'on fait échauffer insensiblement sur le feu, se dilate uniformement ; mais dès que l'eau bout, il s'arrête, & ne se dilate plus, quoi qu'on

N

O

grains d'argent se communique également à chaque grain , A, 48. Sa solidité fournit une nouvelle preuve de la prodigieuse subtilité des élémens ignés, B. 202.

le même degré de chaleur que la phiole dans laquelle il eſt renfermé, & cependant il s'enflamme d'abord dès que l'air peut s'en approcher librement, 325. Matiere dont on en peut tirer un qui, s'il n'a pas toute la ſolidité de celui qui ſe tire des animaux, en approchera de fort près à pluſieurs égards, B. 49, 50. Ce que c'eſt que celui de *Craff*, de *Kunckel*, de *Boyle*, 179. S'il ſurvient une chaleur un peu conſidérable dans l'air, il brille dans les ténebres à travers l'eau dans laquelle il eſt, 180, autres effets ſinguliers qu'il produit, 180, *& ſuiv.* Découverte d'un qui s'enflamme dans le moment qu'il eſt contigu à l'air froid ou chaud, 181, *& ſuiv.*

Phyſique, combien de circonſpection il eſt néceſſaire d'avoir dans cette ſcience; & combien il eſt aiſé de ſe tromper lorſqu'on a donné une regle plus que générale, A. 44.

Pierre Philoſophale. Ridicule de deux Alchymiſtes, dont l'un la cherchoit dans l'urine & l'autre dans les excrémens humains, B. 182.

Pierre Infernale, comment ſe prépare, B. 233.

Piſalphate, B. 137.

Plaiſir. Si on compare l'idée que nous en donne une ſenſation avec ce que les Médecins nous apprennent qui ſe paſſe alors dans le corps; qu'elle différence ? A. 13, *& ſuiv.*

Planetes, on peut conjecturer avec vrai-

semblance que les corps graves ne se ressemblent qu'autour d'elles, A. 150. Leur
lumiere ne peut produire aucune chaleur,
pourquoi ? 222 ; sont continuellement
agitées par des mouvement très-rapides,
B. 216.

Plantes, changement qui leur arrive lorsqu'on les fait passer par le feu, B. 9,
& suiv.

Plomb, la vapeur pestilentielle qu'il jette, fait
connoître qu'il s'y trouve une très-grande quantité d'arsénic , qu'on doit par
conséquent le mettre, & tous ses produits au nombre des poisons, lix. On
ne peut en former l'étain sans qu'il ne
s'y joigne beaucoup de phlogistique, *id.*
de la présence duquel on a une preuve
par la grande facilité que ce métail a à
se fondre, *id. & suiv.*

Poissons, qui ont des poumons de même que
tous les animaux qui respirent, lorsqu'ils
se portent bien, communiquent à leurs
humeurs une chaleur qui approche plus
ou moins de quatre-vingt-douze degrés ,
B. 250. Ce qui le prouve, c'est leurs poumons, & ils vivent dans un eau qui a différent degrés de chaleur, 250.

Poles, les liqueurs de la même espece sont
sous le même volume plus pesantes aux
environs des poles, & plus légeres sous
l'équateur, A. 97.

Pourriture, la chaleur vitale ne peut en être
le produit, pourquoi ? lxxx, *& suiv.*

Poudre à canon renfermée dans une machine où l'eau ne pouvoit pas entrer, &

où on avoit mis un mouvement d'Hor-
logerie qui faifoit qu'au bout d'un certain
tems un morceau d'acier venant à frapper contre un caillou mettoit le feu à
la poudre : le tout ayant été jetté au fond
de la mer, on entendit, lorfqu'il prit feu,
un très-grand mugiffement, on vit fortir
une épaiffe fumée, mais point de flamme,
B. 261, 262.

Prince. Qu'il feroit à fouhaiter qu'il s'en
trouvât un qui récompensât l'induftrie de
ceux qui travaillent aux miroirs ardens,
comme elle mérite, pour les exciter par-
là à entreprendre quelque chofe de plus
confidérable, A. 257.

Principes Hylargiques, & autres des corps,
ce que c'eft, A. 60.

Problêmes à réfoudre ; remplir un efpace
donné avec un corps qui foit tel qu'il ne
puiffe être échauffé que jufqu'à un degré
déterminé par le plus grand feu : remplir un efpace donné d'un corps qui foit
capable de retenir le plus grand feu poffible, A. 297.

Prothée, fils de l'Océan & de Thétis, avoit
le pouvoir de changer de corps & de
prendre telle forme qu'il vouloit, xxxi ;

Provoft (M. *Jodoque*) Expériences qu'il fit
avec des animaux qu'il expofoit à la chaleur de l'étuve d'une fucrerie, A. 314,
& *fuiv.*

Puits, on a toujours dans les profonds un
égal degré de froid & de chaud ; mais qui
varie fuivant la profondeur où l'on eft,
& fuivant la nature du terrein des environs, A. 157.   O iv

tout dans le feu, *idem*, *& fuiv.*

Repos, les corps refteroient dans un parfait, s'il étoit poffible qu'ils fe concen-
traffent au point de fe réduire au plus
petit volume poffible, A. 57. Ce que
c'eft qu'y refter, B. 194.

Roemer, a tiré de plufieurs Obfervations
Aftronomiques, qu'il a faites pendant l'efpace de dix ans, des conclufions très-in-
génieufes touchant la prodigieufe vîtef-
fe du feu qui émane du Soleil fur les Satellites de Jupiter, &c. *B.* 219. Cependant *MM. Caffini & Maraldi* ont trouvé
qu'il s'en falloit de beaucoup que fon fentiment fût vrai, 220.

Romarin, tout ce que cette plante renferme
d'odoriférant n'a rien d'inflammable, B.
18.

Ruiffeau qui ne fe gele point au milieu des
hyvers les plus rudes, B. 262, 263.

Ruffie, pourquoi on y entend de terribles
tonneres d'abord après le dégel, A. 233.

S

S *Affafras*, huile de ce bois fur laquelle
on jette de l'efprit de nitre de *Glauber*,
jette une violente flamme, B. 191.

Savons, de quoi fourniffent un exemple
femblable, B. 238.

Sang. N'eft-il pas furprenant de voir que
là même, où il falloit pour des ufages très-
néceffaires, qu'il fût le plus échauffé, il
ait dû entrer refroidi pour des raifons
auffi néceffaires? A. 312, 313. Sa divi-

O vj

avoit dans les métaux une matiere inflammable qu'il a regardée comme principe de l'union de leurs parties, liv. La théorie de *Becher* qui détermine le degré de consistence des métaux, par le plus au moins d'arsenic qu'ils renferment cadre avec la sienne, lui qui le déduit du pholgistique, lxv.

Stratherith, nom d'un lac d'Ecosse dont l'eau ne se gele point, même par le plus grand froid, avant le mois de Février; mais quand ce tems est venu, il lui arrive quelquefois d'être tout couvert d'une glace épaisse, même dans l'espace d'une seule nuit, B. 262.

Sturmius, A. 331.

Substance impénétrable, est réellement la substance corporelle, R. 207. Peut-être la corporelle, considéré comme telle est-elle liée par une force infinie, & que rien ne peut la diviser, 207.

Succin allumé dans l'air ouvert, se consume presque tout entier, & sert d'aliment à la flamme & au feu, B. 242.

Sucrerie, l'air est si sec & si chaud dans leurs étuves, qu'on ne peut le supporter, sans risquer d'être suffoqué au moment même, 313.

Sujus apprit aux Chinois que le feu étoit un des cinq élémens dont les corps sont composés, ij

Suye, ce que c'est & sa composition, B. 42. & suiv.

Sylvius regardoit comme la cause & la & la raison de la chaleur vitale le conflit

U.

V.

Fin de la Table des Matieres.